L. TARSOT & M. CHARLOT

LE CHATEAU

DE

Fontainebleau

1 fr. 25

Façade du château sur le parterre.

FONTAINEBLEAU

LES ORIGINES DU CHATEAU

« Fontainebleau est un lieu assis dans la forêt de Bière, en une plaine, fermé de divers coteaux, rochers et montagnes couvertes de bois de haute futaie. Anciennement c'était un vieil bâtiment où les rois par quelques fois se retiraient comme en lieu solitaire. Le roi François Ier qui aimait tant à bâtir, considérant ce lieu ainsi fermé de ses rustiques, y prit fort grand plaisir, et, de fait, le fit bâtir comme il est de présent. Les anciens récitent qu'en ce lieu y avait une grosse tour, où de présent et sur les fondements d'icelle est la chapelle, prochaine de la grande salle de bal et s'est-on servi d'aucuns vieils fondements. La plus grande partie du logis est bâtie de grès av c brique, principalement la basse-cour, laquelle en grandeur excède toutes autres cours des bâtiments royaux. En la seconde cour y a source de fontaine, et se dict que c'est la plus belle eau de source qui se voie guère, et que par ce on l'appelait Belle-eau, maintenant Fontainebleau. Le feu roi François Ier, qui le fit bâtir, s'y aimait merveilleusement, de sorte que la plus grande partie du temps il s'y tenait, et l'a enrichi de toutes sortes de commodités, avec les galeries, salles, chambres, étuves et autres membres, le tout embelly de toutes sortes d'histoires tant peintes que de relief, faites par les plus excellents maîtres que le Roi pouvait recouvrer tant de France que d'Italie, d'où il a fait venir aussi plusieurs belles pièces antiques. En somme que tout ce que le Roi pouvait recouvrer d'excellent c'était pour son Fontainebleau, où il se plaisait tant que, y voulant aller, il disait qu'il allait chez soi. Mais depuis la mort du feu roi François le lieu n'a pas été si habité ni fréquenté qui sera cause qu'il ira avec le temps en ruines comme font beaucoup d'autres places que j'ai vues faute de n'y habiter. »

A cette courte description que l'architecte Androuet du Cerceau consacre à Fontainebleau en son livre *Des plus excellents bâtiments de France* (1579), nous ajouterons que le château, un peu abandonné sous les trois derniers Valois, reprit tout son éclat avec Henri IV; que sous les Bourbons il fut constamment l'un des séjours réguliers de la cour ; et qu'au dix-neuvième siècle il n'a jamais cessé d'être une des résidences des maîtres de la France. Nous avons déjà le résumé de son histoire.

Cette histoire remonte au douzième siècle, au roi Robert le Pieux, fondateur probable du château. Plusieurs édits de Louis VII sont datés de Fontainebleau. Ce prince aimait ce manoir retiré. Il y fonda une chapelle consacrée, sous l'invocation de saint Saturnin, par l'archevêque de Cantorbéry, Thomas Becket.

Philippe-Auguste habita souvent Fontainebleau. Il y signa de nombreux édits, parmi lesquels on peut citer celui de 1186, attribuant aux pauvres et aux malades de l'Hôtel-Dieu de Nemours tout le pain qui resterait de sa table pendant les séjours à Fontainebleau. En 1191, à son retour de la Palestine, il passa dans ce château les fêtes de Noël.

Louis IX se réfugiait souvent dans « ses déserts » de Fontainebleau, où il fit bâtir un donjon, la chapelle de la Trinité et un hôpital, entretenu aux frais du trésor royal. Joinville raconte que ce roi étant tombé gravement malade à Fontainebleau fit venir son fils aîné et lui adressa ces touchantes paroles : « Biau fils, je te prie que tu te fasses aimer au peuple de ton royaume ; car vraiment je aimerais mieux qu'un Escot venist d'Écosse, ou quelque autre loingtain étranger et gouvernast le peuple du royaume bien et loyalement, que tu le gouvernasses mal à poinct et en reproche. »

Philippe le Bel naquit et mourut à Fontainebleau. Ce prince chassait le cerf aux environs de Corbeil. Son cheval le jeta rudement contre un arbre, et ce choc le blessa mortellement. Il demanda à être porté en son manoir de Fontainebleau, y languit quelques jours, reçut les derniers sacrements « et puis, dit la Chronique des Flandres, mourut le beau roi Philippe à Fontainebleau ».

On a quelques traces d'un séjour de Charles IV le Bel au château où le vint trouver sa sœur, Ysabeau de France, reine d'Angleterre et femme d'Édouard II. Cette princesse avait à se plaindre de son mari et venait demander protection à son frère.

De cette époque jusqu'au règne de François Ier la tradition n'a rien conservé. A cette résidence, perdue au milieu des bois, nos rois préfèrent tantôt Vincennes ou Saint-Germain, plus proches de Paris, tantôt les châteaux des bords de la Loire, si chers à tous les princes Valois. A peine sait-on que Charles V y fonda une bibliothèque, augmentée par Louis XI et transférée à Blois par Louis XII, que Charles VII y fit peindre à fresque l'histoire de ses victoires.

Ce vieux manoir était probablement fort délabré quand un caprice de François Ier en fit un palais merveilleux

FRANÇOIS Ier

Le vieux château se dressait sur l'emplacement de la cour ovale. Le plan de cette partie du palais neuf est sensiblement le même que celui de la forteresse primitive. Le pavillon de Saint-Louis a remplacé le donjon; la porte Dorée, les chapelles haute et basse, le pavillon des Dauphins, celui des Chasses, le portique de Serlio, s'élèvent sur le terrain et peut-être sur les fondations des tours qui flanquaient l'enceinte. La cour de la Fontaine était occupée par les bâtiments accessoires nécessaires à toute demeure féodale: logis des gens d'armes et des valets, paneterie, pressoir, fauconnerie et chenil. Un fossé alimenté par les eaux de l'étang ceignait la maison royale et ses dépendances.

En somme le château, avant sa transformation, était une forteresse de moyenne grandeur, avec donjon, tours, tourelles et mâchicoulis, comme il y en avait tant d'autres en France à cette époque. C'était une maison de plaisance des rois, non pas une de leurs résidences coutumières. Rien ne recommandait ce logis à François Ier. Les hasards de la chasse ou des voyages de la cour l'y amenèrent un jour.

Le site lui plut. Mais il ne fit d'abord dans le château que des travaux de réparations et d'aménagement. Il y amena cependant les artistes appelés d'Italie dès le début de son règne. Léonard de Vinci y fit quelques séjours de 1515 à 1518. Mais depuis longtemps malade il n'exécuta pas de travaux spéciaux pour le palais. Vasari raconte qu'il s'éteignit entre les bras de François Ier. Le fait est contesté. Il est d'ailleurs certain que Léonard ne mourut pas à Fontainebleau.

Un an avant la mort de Léonard, François Ier avait appelé en France Andréa Vannuchi, dit Andrea del Sarto (1518). Ce maître peignit pour Fontainebleau la *Madone* et l'admirable *Charité* qui sont aujourd'hui au Louvre. Puis rappelé en Italie par sa femme, Lucrezia del Fede, dont il était éperdument épris, il obtint du roi une mission et des sommes importantes pour l'achat de tableaux et de statues. Lucrezia lui fit oublier la mission. L'argent du roi fut gaspillé. Andrea n'osa plus retourner en France, et mourut en 1530 sans avoir revu François Ier.

A Fontainebleau, nulle trace ne subsiste aujourd'hui de ces deux artistes, les plus grands que François ait ravis pour un temps à l'Italie. Nul souvenir non plus de la première maîtresse en titre, de cette Françoise de Foix, duchesse de Chateaubriand, dont la faveur poétise les premières années du règne. Sans doute elle accompagna le roi dans ses courts passages au vieux château et suivit la cour dans le palais transformé. Mais déjà son étoile avait pâli. La duchesse d'Étampes et Diane de Poitiers avaient fait oublier la triste Chateaubriand, qui meurt en 1537, loin du roi dont l'amour n'avait point survécu à la prison de Madrid.

Peut-être cependant est-ce à Fontainebleau, qu'à la prière de Mme d'Étampes, François Ier fit réclamer à la comtesse de Chateaubriand « les plus beaux joyaux qu'il luy avait donnés, dit Brantôme, pour l'amour des belles devises qui estoient mises engravées et empreintes ; lesquelles la reyne de Navarre, sa sœur, avait faictes et composées.

« Le roy François, pour ce, ayant envoyé un gentilhomme vers elle pour les lui demander, elle fit de la malade sur le coup et remit le gentilhomme dans trois jours à venir, et qu'il auroit ce qu'il demandoit.

« Cependant, de dépit, elle envoya quérir un orfèvre, et lui fit fondre tous ces joyaux, sans avoir respect ny affection des belles devises qui y estoient engravées, et après, le gentilhomme tourné, elle lui donna tous les joyaux convertis et contournés en lingots d'or.

« Allez, dit-elle, portez cela au roy, et dites-luy que puisqu'il lui a pleu me révoquer ce qu'il m'avoit donné si libéralement, que je le luy rends et renvoye en lingots d'or. Pour quant aux devises je les ai si bien empreintes et colloquées dans ma pensée, et les y tiens si chères, que je n'ay peu permettre que personne en disposast, en jouist et en eust de plaisir que moymesme.

« Quand le roy eut receu le tout, et lingots et propos de ceste dame, il ne dit autre chose, sinon : « Retournez-luy le tout. Ce que j'en faisois ce n'estoit « pas pour la valeur (car je luy en eusse rendu deux « fois plus), mais pour l'amour des devises ; et puis-

« qu'elle les a faict ainsy perdre, je ne veux point de « l'or et je le lui renvoye; elle a montré en cela plus « de courage et de générosité que n'eusse pensé pou- « voir provenir d'une femme. » Un cœur de femme généreuse despité et ainsy desdaigné fait de grandes choses. »

Nous quittons maintenant le vieux manoir de saint Louis et de Philippe le Bel. Le nouveau château va sortir de terre. En 1526, François Ier sort de sa prison de Madrid. Depuis plus d'un an il est privé de tous les plaisirs qui lui sont chers. Il a besoin de fêtes, de tournois, de propos joyeux et d'aventures galantes. Il lui faut une cour magnifique; il faut à cette cour un cadre plus large et plus opulent que celui dont s'étaient contentés nos rois jusqu'à Louis XII. Aussi, dès son retour d'exil, François Ier donne-t-il libre carrière à son goût pour les constructions originales, élégantes ou grandioses. Dès 1526, le plan de Chambord est arrêté et, pendant douze ans, douze cents ouvriers ne cessent de travailler aux chantiers de ce palais colossal. Presque en même temps s'élève le château de Madrid, au bois de Boulogne. Un beau jour enfin, François s'éprend de Fontainebleau et se résout à en faire son séjour habituel. « Les vastes paysages de la Loire, dit Michelet, les déserts de la Sologne qui plaisaient au roi cavalier et lui faisaient si tristement placer sa féerie de Chambord, n'allaient plus au promeneur valétudinaire. Il lui fallait une

LA COUR DU CHEVAL BLANC

nature plus resserrée et exquise. Il aimait Fontainebleau. Harmonie d'âge et de saison. Fontainebleau est surtout un paysage d'automne, le plus original, le plus sauvage et le plus doux, le plus recueilli. Ses roches chaudement ensoleillées où s'abrite le malade, ses ombrages fantastiques, empourprés des teintes d'octobre qui font rêver avant l'hiver; à deux pas, la petite Seine entre des raisins dorés; c'est un délicieux nid pour se reposer et boire ce qui resterait de vie, une goutte réservée de vendange. »

C'est en 1528 que François Ier fait raser à peu près complètement le château féodal. Un architecte inconnu, peut-être Italien (mais non pas Serlio qui ne vint pas en France avant 1537), lui fournit les dessins du nouveau palais. Une fantaisie royale a contraint l'artiste à respecter le tracé du manoir détruit et peut-être quelques pans de murs. Quel qu'il soit, l'architecte s'est tiré à son honneur des difficultés que lui créait un plan fixé d'avance. La capricieuse ordonnance des bâtiments de la cour ovale, en amusant la vue, accuse et sauve en même temps l'irrégularité de leur disposition. Au bout d'un an les constructions étaient en bonne voie, mais déjà François les trouvait trop étroites et demandait des plans plus grandioses pour son nouveau palais. Il avait pour voisins les religieux de la Sainte-Trinité, dont le couvent, avec ses dépendances, occupait l'emplacement du jardin de Diane et de la cour du Cheval blanc. Ces terrains étaient nécessaires à qui voulait étendre le château autour et en vue de l'étang, dont les eaux entourées d'ombrages formaient un point de vue charmant pour les appartements royaux. En 1529, François Ier en fait l'acquisition :

« Attendu, disait l'acte d'achat, qu'avons l'intention faire ci-après la plupart du temps notre résidence à Fontainebleau, pour le plaisir que prenons audit lieu et aux déduits de la chasse des bêtes rousses et noires qui sont en la forêt de Bière et aux environs : nous est convenu prendre et recouvrer de nos chers et bien amés les ministres et religieux de l'ordre de la Sainte-Trinité, la moitié du lieu où est de présent située la grande galerie faite pour aller du dit châtel en leur église et logis de l'abbaye, leur jardin et leur grand clos de prés, celui où est de présent notre écurie, avec leurs étangs et viviers, etc., pour les récompenser d'icelles prises... nous avons donné et donnons la somme de 200 livres tournois à prendre et à percevoir chacun an sur le revenu de notre terre et seigneurie de Moret. »

Le couvent acheté et détruit, de nouveaux corps de logis s'élèvent comme par enchantement. On bâtit la cour du Cheval blanc, ou mieux la Basse-Cour, et pour former la cour de la Fontaine, on réunit par une galerie les deux massifs du château, dont le plan général ne subira plus désormais de modifications importantes. Les jardins et les parterres sont tracés et plantés avec une rapidité féerique. A l'extérieur, le Fontainebleau de François Ier est maintenant terminé.

Mais il faut orner les dedans du palais. Pour son séjour favori, François Ier rêve une décoration somptueuse et surtout permanente. Plus de ces tapisseries et de ces verdures que les ouvriers royaux suspendent à la hâte, le long des murailles, avant l'arrivée de la cour; de ces meubles transportés dans des fourgons d'une résidence à l'autre; de ces décors qu'on enlève dès que la toile est baissée et que les acteurs sont sortis ! Fontainebleau sera peint à fresque, revêtu de marbres précieux, de stucs et de boiseries merveilleusement travaillés. Les artistes manquent en France : il en viendra d'Italie, et François les couvrira d'or

En 1530, arrive à Fontainebleau le Florentin Giovanni-Battista Rosso. On lui donne une pension de 400 écus, des logements dans les palais royaux et bientôt la surintendance des bâtiments, peintures et embellissements de Fontainebleau. Il construit la galerie de François Ier qu'il orne d'une série de fresques et de reliefs en stuc exécutés sous sa direction par Paolo Ponzio et Domenico del Barbiere. Dans la chambre de la duchesse d'Étampes— aujourd'hui transformée en escalier, — il peint plusieurs traits des *Amours d'Alexandre le Grand.* Le roi enthousiasmé augmente ses pensions et le nomme chanoine de la Sainte-Chapelle. Mais voici que le Rosso, ayant été volé de quelques centaines de ducats, en accusa trop légèrement un peintre florentin de ses amis, Francesco Pellegrino, qui fut mis à la question. L'innocence de Pellegrino fut reconnue, et le Rosso, ne pouvant survivre au chagrin et à la honte que lui causait cette erreur, s'empoisonna en 1541 à l'âge de quarante-cinq ans.

Il avait connu toute l'amertume des rivalités entre artistes. François Ier avait appelé en France (1531) un peintre de Bologne, Francesco Primaticcio — *le Primatice* — qui sur-le-champ déclara la guerre au Rosso. Pour mettre un terme à leurs querelles, François Ier, vers 1534, envoya le Primatice en Italie pour mouler les principales statues antiques et acquérir divers chefs-d'œuvre de l'art moderne. Le Primatice rapporta de sa mission la *Léda* de Michel-Ange (depuis détruite sur les ordres d'Anne d'Autriche!) et le moulage des antiques de Florence et de Rome qui, coulés en bronze à Fontainebleau, figurent aujourd'hui dans les galeries du Louvre. A cette époque le Rosso était mort, et le Primatice prit la direction des travaux de Fontainebleau, qu'il conserva jusqu'à sa mort (1570). Il commença par détruire une partie des fresques de son rival qu'il remplaça par les siennes. Il exécuta ensuite la décoration de la porte Dorée et entreprit celle de la galerie d'Ulysse, qu'il continua sous quatre règnes. Mais on doit surtout le juger d'après les peintures de la salle de bal qui lui furent commandées par le roi Henri II

La longue faveur du Primatice fut un moment menacée par le séjour à la cour du fameux Benvenuto Cellini (1540-1544). Sans la haine de la duchesse d'Étampes, Cellini l'aurait emporté sur le maître bolonais. La favorite ne pouvait lui pardonner d'avoir négligé de lui soumettre les maquettes des travaux commandés par François Ier pour Fontainebleau. Cellini était chargé d'exécuter un bas-relief en bronze pour le tympan de la porte Dorée, et un surtout de table où devaient figurer douze statues d'argent de grandeur naturelle[1]. Le Primatice, appuyé par la duchesse d'Étampes, intrigua sourdement pour se faire attribuer les commandes promises à Cellini, mais il dut y renoncer dans la crainte d'être poignardé par l'orfèvre florentin. Une courte trêve suivit. Benvenuto voulut en profiter pour reconquérir les bonnes grâces de la duchesse d'Étampes en lui offrant une aiguière d'or merveilleusement ciselée. La duchesse ne daigna même pas le recevoir, et l'artiste, après une longue attente dans l'antichambre de la favorite, remporta son cadeau qu'il offrit, de dépit, au cardinal de Lorraine.

A ce moment le Primatice avait jeté en bronze les moules des antiques rapportés par lui d'Italie ; ses statues étaient disposées dans la petite galerie de Fontainebleau, maintenant appelée galerie de François Ier.

1. Le bas-relief pour la porte Dorée a été placé au Louvre, dans la salle des Cariatides, au-dessus de la belle tribune de Jean Goujon. Il représente la *Nymphe de Fontainebleau*. Du surtout de table il ne subsiste qu'une salière d'or, aujourd'hui à Vienne.

Cellini venait d'achever un Jupiter en argent; il veut le montrer au roi. On lui ordonne de placer son œuvre au fond de la petite galerie. Il arrive et trouve la place encombrée des moulages du Primatice. C'était une ruse de Mme d'Étampes qui voulait écraser la statue de Cellini par le voisinage de l'Apollon du Belvédère et de la Vénus de Médicis. Cellini, sans murmurer, installe au fond de la galerie son Jupiter posé sur un socle à roulettes, maniable en tous sens, et attend la visite du roi.

Le jour baissait lorsque François fit son entrée dans la galerie. Il la parcourut lentement, retenu par Mme d'Étampes devant chacun des antiques du Primatice; mais au moment où, la nuit tombée, il approchait de Cellini, l'artiste alluma rapidement une torche placée entre les flammes de la foudre que la statue brandissait dans sa main droite, et, d'un mouvement adroit, il lança son Jupiter à la rencontre du roi. L'effet fut magique. La lumière tombant d'en haut semblait animer la statue mouvante. Le dauphin, le roi et la reine de Navarre qui se trouvaient là poussèrent un cri d'admiration, et François Ier s'écria : « Benvenuto, ton Jupiter est cent fois plus beau que je ne l'aurais imaginé. » Tous applaudirent. « En vérité, reprit hardiment Mme d'Étampes, n'avez-vous pas d'yeux pour ces sublimes figures antiques ? Voilà de vrais chefs-d'œuvre ! Fi de ces babioles modernes ! » Mais François soutint que Cellini avait surpassé les anciens. A cela Mme d'Étampes répliqua que Cellini devait son succès à un subterfuge et que, de plus, il avait couvert sa statue d'un voile pour en cacher les défauts. L'artiste avait en effet jeté une draperie sur son Jupiter pour lui donner plus de majesté. Furieux, il arracha violemment le voile, et le roi, qui s'aperçut de sa colère, lui dit en français : « Tais-toi, Benvenuto ! et compte sur une récompense mille fois au-dessus de tes espérances. » En sortant quelques minutes après, il adressa cette dernière flatterie à Benvenuto : « J'ai enlevé à l'Italie l'artiste le plus grand et le plus universel qui ait jamais existé. » Quelques mois après, cependant, le sculpteur quittait la cour de France, laissant le champ libre au Primatice, protégé par la favorite.

A côté des artistes italiens, quelle part revient aux maîtres français dans la décoration première de Fontainebleau ? On l'ignore. Cependant on attribue à Jean Goujon les cariatides qui encadrent les fresques du Rosso dans la chambre de la duchesse d'Étampes. De beaux vitraux ornaient les fenêtres du palais. Étaient-ils de Jean Cousin et de Pinaigrier ? Rien n'empêche de le supposer ; rien non plus ne permet de l'affirmer.

Maintenant les artistes ont accompli leur œuvre. Les décors sont prêts pour la féerie que François Ier et sa cour vont jouer avec une aisance merveilleuse. Examinons un peu cette cour brillante, tant vantée par les contemporains.

CABINET DE L'ABDICATION DE NAPOLÉON Ier

Le roi commence par appeler les dames dans ses palais. « Une cour sans dames, disait-il, est une année sans printemps et un printemps sans roses. » Brantôme, le bon apôtre, le félicite de cette innovation où le diable trouve son compte. « Pour le regard des dames, certes il faut avouer qu'advant luy, elles ne fréquentoient point à la cour. Mais le roy François venant à son règne, considérant que toute la décoration d'une cour estoit des dames, l'en voulut peupler plus que de la coustume ancienne. Comme de vray, une cour sans dames est un jardin sans aucunes belles fleurs, et mieux ressemble une cour d'un satrape ou d'un Turc que non pas d'un grand roi chrétien. » Autour de François Ier, « ce n'estoient que dames de maison, demoiselles de réputation, qui paroissoient en sa cour comme déesses au ciel. Bien souvent ai-je veu nos roys aller aux champs, aux villes et ailleurs, y demeurer et s'esbattre quelques jours et n'y mener point les dames; mais nous étions si esbahis, si perdus, si faschés, que pour huict jours que nous faisions séparés d'elles et de leurs beaux yeux, ils nous paroissoient un an et toujours à souhaiter : « Quand serons-nous à la cour? » N'appelant la cour bien souvent là où estoit le roy, mais où estoient la reyne et ses dames. »

Longtemps après la mort de François Ier on parlait encore de l'éclat qu'il avait donné à sa cour. Ronsard, qui tout jeune page avait connu les splendeurs de ce

Fontainebleau primitif, en parle dans son *Bocage royal* avec un vif accent de regret :

Quand voirrons-nous quelque tournoy nouveau ?
Quand voirrons-nous par tout Fontainebleau,
De chambre en chambre aller les mascarades ?
Quand oyrons-nous au matin des aubades
De divers luths mariez à la voix ?
Et les cornets, les fifres, les hautbois,
Les tambourins, violons, espinettes,
Sonner ensemble avecque les trompettes ?
Quand voirrons-nous comme balles voler
Par artifice un grand feu dedans l'air ?
Quand voirrons-nous, sur le haut d'une scène,
Quelque Janin[1] ayant la bouche pleine
Ou de farine, ou d'encre, qui dira
Quelque bon mot qui nous réjouira ?

La reine de toutes ces fêtes était Anne de Pisseleu, duchesse d'Étampes, maîtresse de François Ier depuis 1526, c'est-à-dire depuis son retour d'Espagne. La reine Éléonore, sœur de Charles-Quint, ne comptait guère à côté de cette beauté blonde dont le teint éblouissant était célébré par tous les poètes de la cour. Mme d'Étampes avait l'esprit le plus brillant, le goût le plus exquis; elle exerçait sur le roi un empire contre lequel rien ne put prévaloir. C'est elle qui ordonne les magnificences que François Ier déploie dans « son Fontainebleau » chaque fois qu'il en trouve l'occasion.

En 1536 a lieu la réception de Jacques V, roi

1. Acteur comique du temps.

d'Écosse, qui venait demander la main de Madame Madeleine, fille de François Ier. Ce prince, paraît-il, eut l'audace d'épier la jeune fille qui se baignait dans la grotte des Pins ; il en fut puni, car il entendit la princesse faire à l'une de ses femmes l'aveu de son aversion pour lui et de son amour pour don Juan, fils de Charles-Quint. Jacques V passa outre, et en 1537 il épousa la pauvre Madeleine. « Quand elle fut en Écosse, dit Brantôme, elle en trouva le pays tout ainsy qu'on luy avait dict, et bien différent de la doulce France. Toutesfois, sans autre semblant de repentance, elle ne disoit autre chose sinon : « Hélas! J'ay voulu estre « reyne ; » couvrant sa tristesse et le feu de son ambition d'une cendre de patience. » Elle mourut d'ennui au bout de six mois de mariage. Ronsard lui a consacré quelques vers pleins d'émotion :

La belle Magdeleine, honneur de chasteté,
Une Grâce en beauté, Junon en majesté,
A peine de l'Escosse avoit touché le bord,
Quand au lieu d'un royaume elle y trouva la mort.
Ni larmes du mary, ni beauté, ni jeunesse,
Ni vœu, ni oraison, ne fléchit la rudesse
De la Parque ! O cruel et pitoyable sort !

En 1539, Charles-Quint traverse la France pour aller châtier les Gantois révoltés. François Ier ne manqua pas de lui offrir l'hospitalité à Fontainebleau. Le Père Dan nous a laissé le récit du cérémonial de cette réception : « Entrant dans la forêt, il fut accueilli par une troupe de personnes déguisées en forme de dieux et de déesses bocagères, qui, au son des hautbois, composèrent une danse rustique; lesquels s'écartèrent promptement de part et d'autre dans la forest, et l'empereur poursuivant son chemin arriva ici. Son entrée fut par la grande allée de la Chaussée. A la porte, il y avoit un arc triomphal orné de trophées, et enrichy de peintures qui représentoient le roi et l'empereur revestus à l'antique, accompagnez de la Paix et de la Concorde. Là estoit encore un concert de musique, et après avoir entendu quelques airs, il fut conduit dans le chasteau au son des trompettes et des tambours, et entrant dans la petite galerie, il y rencontra le roi, où se firent les compliments entre Leurs Majestés, et de là fut conduit au pavillon des Poêles, qui lui avait été ordonné pour son logement. Le souper estant préparé en la salle de bal, le roy qui avoit laissé quelque temps à l'empereur pour se reposer à loisir, l'alla prendre en sa chambre, et ils vinrent ensemble souper, avec un témoignage de part et d'autre d'une grande réjouissance. Le lendemain et plusieurs autres jours qu'il séjourna ici, du Bellay, auteur de ce temps-là, remarque que le roy lui donna tous les plaisirs qui se peuvent inventer, comme de chasses royales, de tournois, d'escarmouches, de combats à pied et à cheval, et en somme de toutes sortes de divertissements[1]. »

1. *Trésor des merveilles de la maison royale de Fontainebleau*, contenant son

Au milieu de toutes ces fêtes, l'empereur n'était pas tranquille. Il craignait que le roi ne le retînt prisonnier pour obtenir l'annulation du traité de Madrid. Peut-être lui avait-on rapporté les propos de Triboulet, le bouffon de François Ier, qui voulait l'inscrire sur la liste des fous célèbres, mais disait à François Ier : « Si vous le laissez échapper, j'y mettrai Votre Majesté. » La duchesse d'Étampes était de l'avis de Triboulet.

Le roi dit un jour à l'empereur : « Voyez-vous, mon frère, cette belle dame ? Elle est d'avis que je ne vous laisse point sortir d'ici que vous n'ayez révoqué le traité de Madrid. » L'empereur répondit froidement : « Si l'avis est bon, il faut le suivre. » On prétend que le lendemain, au moment de se laver les mains pour se mettre à table, Charles-Quint tira de son doigt un diamant d'un grand prix et le laissa tomber aux pieds de la duchesse ; celle-ci ramassa le diamant et voulait le lui rendre ; l'empereur refusa de le reprendre en lui disant : « Gardez-le, Madame, il est en de belles mains ! » Mais un diamant était-il suffisant pour gagner une femme qui disposait de tous les joyaux de la couronne ? Quoi qu'il en soit, Charles-Quint put traverser la France en toute sûreté. François Ier poussa le scrupule jusqu'à ne lui parler d'aucune affaire d'État.

antiquité, les singularités qui s'y voient, etc. Paris, 1642, in-folio. C'est à ce livre qu'il faut toujours revenir, quand on parle du Fontainebleau d'avant Louis XIV.

En 1543, François II naît à Fontainebleau. On donne à cette occasion des fêtes magnifiques, mais ces fêtes sont éclipsées par celles du baptême de Madame Élisabeth de France, fille aînée de Henri II (1545).

La cérémonie eut lieu dans la cour du Donjon, tendue de tapisseries d'or, d'argent et de soie; on avait élevé, au centre de la cour, un pavillon de belle architecture, avec portique composé à l'antique, enguirlandé de feuillage, semé d'écussons et de devises et surmonté d'un mât doré. En guise de voûte, un voile de soie bleue, où étaient attachées quantité d'étoiles d'or, se déployait au-dessus de la cour entière. « Dans ce pavillon, dit le Père Dan, se dressoit une pyramide de neuf estages, couverte de drap d'or frisé. Le tout composoit un buffet chargé de la vaisselle royale, toute d'or, et de tant de vases et diverses pièces antiques, aussi tous d'or et en si grand nombre, qu'il sembloit qu'icy l'on eust rassemblé l'élite des buffets de tous les princes de l'Europe. Aussy est-il véritable que l'on y avoit apporté tout ce que les roys de France avoient eu de rare en leurs cabinets, dispersés en divers endroits du royaume, et afin de faire connoître à un chacun quelle estoit la valeur et excellence de toutes ces singulières raretés, il y avoit aussi des personnes commises qui en donnoient l'intelligence aux spectateurs et principalement aux Anglais et aux autres étrangers qui estoient en grand nombre à cette magnificence, leur disant comme quelques-unes de ces rares pièces avoient été apportées en France par l'empereur Charlemagne, comme les autres lui avoient été envoyées par quelques rois, et ainsi des autres singularités dont il n'y avoit pas une moderne, mais toutes antiques. »

La fin du règne est attristée par les intrigues du dauphin contre son père, ou plutôt de Diane de Poitiers, maîtresse du jeune prince, contre la duchesse d'Étampes. La duchesse, encore jeune, riait de l'âge de sa rivale. « Je suis née, disait-elle, l'année où se maria Madame Diane. » Les deux favorites excitaient l'un contre l'autre le père et le fils. « Le dauphin, écrit Michelet, dit un jour devant ses familiers, qu'à son avènement il ferait ceci et cela, donnerait tels offices, et il leur distribua généreusement toutes les charges de la couronne. Un témoin de la scène, auquel on n'avait pas songé, était un simple, vieil enfant et fol à *bourlet*, appelé Briandas. Soit de lui-même, soit poussé par la duchesse d'Étampes, il court au roi, et fièrement : « Dieu te garde, *François de Valois!* » Le roi s'étonne. « Par le sang Dieu, tu n'es plus roi; je « viens de le voir. Et toi, Monsieur de Thaïs, tu n'as « plus l'artillerie, c'est Brissac! » Et à un autre : « Tu n'es plus chambellan, c'est Saint-André! » Puis s'adressant au roi : « Par la mort Dieu! Tu vas voir « bientôt Monsieur le Connétable, qui te commandera « à baguette et t'apprendra à faire le sot. Fuis-t'en! « je renie Dieu, tu es mort! » Le roi fait venir la duchesse d'Étampes. On fait dire au fou tous les noms des nouveaux officiers de la couronne. Puis le roi prend trente hommes de sa garde écossaise, va

L'ESCALIER DU FER A CHEVAL

à la chambre du dauphin. Personne. Rien que des pages qu'on fit sauter par les fenêtres. On brise, on casse tout. Mais après, qu'aurait fait le roi? Il n'avait pas d'autre héritier. Sa maîtresse, tout à l'heure sans appui et à la discrétion du dauphin, apaisa, arrangea les choses. Le roi se garda seulement des amis de son fils, qui auraient pu l'empoisonner. »

Sur ces entrefaites, François tomba gravement malade. La cour l'abandonna pour encombrer l'appartement du dauphin. Quand vint sa convalescence, il sentit quelque dépit de cette défection. « Et, dit le Père Dan, pour donner l'alarme à ces fuyards et voir s'il les rappelleroit à leur devoir, quoique sa santé ne fût pas encore bien bonne et que son visage témoignât quelque grande indisposition, il juge à propos de feindre une entière santé, se fardant un peu le visage et s'ajustant si proprement, qu'il sembloit plutôt un jeune courtisan que non pas un homme de son âge et de l'estat où il estoit. Voire plus, le jour de la Feste-Dieu, il voulut se trouver à la procession et même aider à porter le dais sous lequel on portoit le Saint Sacrement, et estant de retour assis dans sa chambre, il dit : « Je leur ferai encore une fois peur « avant que mourir. » Cependant le bruit de la guérison de Sa Majesté ayant été su partout, cela estonna fort les courtisans, qui ne manquèrent à revenir petit à petit vers le roi, tous fort honteux et confus, ce qui prêta fort à rire à Sa Majesté, principalement quand elle apprit que la plupart, ayant quitté le dauphin, l'avoient laissé aussi seul que lui l'avoit été durant sa maladie. » Quelques mois après cette scène, François Ier mourut obscurément à Rambouillet.

On doit à ce roi la formation de la bibliothèque du palais de Fontainebleau. Guillaume Budé en eut la direction jusqu'en 1540 et l'augmenta considérablement. Il eut pour successeur Pierre Duchâtel, évêque de Tulle, qui avait gagné les bonnes grâces du roi en l'entretenant pendant ses repas. « C'est, disait François, le seul homme de lettres que je n'aie pas épuisé en discours. » Duchâtel fit réunir en 1544 la bibliothèque de Blois à celle de Fontainebleau, dressa des catalogues, relia les livres, et fit du dépôt qui lui était confié un objet d'envie et d'admiration pour tous les savants de l'Europe.

HENRI II ET SES FILS

Henri II. — Le nouveau roi commence son règne par l'exil de la duchesse d'Étampes. Diane de Poitiers, duchesse de Valentinois, n'attend pas longtemps pour se venger des longues insolences de sa rivale. Le jour même de la mort de François Ier, elle lui fait redemander les joyaux qu'elle devait à la générosité de son royal amant. Juste revanche de son procédé à l'égard de Mme de Chateaubriand. Puis l'ancienne favorite est chassée et va traîner dans l'oubli les dernières années d'une vie méprisée.

Diane est désormais la véritable reine de Fontainebleau. Elle est la maîtresse absolue du cœur du roi, si absolue, qu'on l'accusait tout bas de sortilège. Tandis que Catherine de Médicis, délaissée, traîne péniblement à Fontainebleau ses grossesses et ses relevailles, la belle duchesse, dans ses habits de veuve, en soie blanche ou noire, la gorge savamment découverte, préside aux tournois, aux chasses et aux festins. Par quel art raffiné resta-t-elle jusqu'à soixante-dix ans « aussy belle de face, aussy fraîche et aussy aimable comme en l'aage de trente ans, de façon qu'il n'y avait cœur de rocher qui ne s'en fust ému » ? On l'ignore; à moins qu'on ne prenne au sérieux les bouillons d'or potable dont Brantôme ajoute qu'elle faisait usage tous les matins.

Dans le galant essaim des favorites royales, Diane ne l'emporte que par sa réputation de beauté presque fabuleuse. Elle ne fut pas aimée de la cour qu'elle dominait. Cependant elle protégea les lettres et les arts Sous ce rapport, Fontainebleau lui doit beaucoup. Elle conserva Paul Duchâtel jusqu'à sa mort, à la tête de la bibliothèque du palais, et le remplaça par un savant de mérite, Pierre de Montdorré. Enfin elle poussa Henri II à terminer les travaux de Fontainebleau par la décoration de la salle de bal. Le Primatice et son élève, Nicolo dell' Abbate, se mirent à l'œuvre et firent de cette galerie la merveille du palais. Partout furent prodigués les emblèmes de Diane, les arcs, les flèches et surtout les croissants[1]. C'est là que la belle duchesse

1. Cependant le chiffre favori de Henri II prête à l'équivoque. Est-ce un C, ou un D, qui s'entrelace à l'H du nom royal? Grave problème pour les érudits.

devait se sentir la reine de Fontainebleau et de la France.

Aucun événement marquant ne signala les nombreux séjours de la cour à Fontainebleau sous le règne de Henri II, sauf la naissance de quatre enfants de France : un fils, Édouard-Alexandre (Henri III) ; trois filles, Claude, la plus belle princesse de son siècle; Victoire et Jeanne, ces deux dernières jumelles. Des fêtes magnifiques furent données par le roi en ces diverses occasions.

François II. — Henri II tombe dans le tournoi de la porte Saint-Antoine, à Paris. Diane de Poitiers à son tour quitte la cour. Pendant son règne d'un an, François II ne parut qu'une fois à Fontainebleau, mais dans des circonstances solennelles. Le chancelier de l'Hôpital aurait voulu réconcilier les catholiques et les réformés par des concessions réciproques. Dans cet espoir, il convoque à Fontainebleau une assemblée de notables, où se présentent avec une suite nombreuse Coligny et le connétable de Montmorency, ce dernier momentanément allié aux protestants L'assemblée s'ouvrit dans le pavillon des Poêles le 21 août 1560, en présence du roi, de la reine Marie Stuart et de la reine-mère. Coligny demande au nom de son parti la liberté d'avoir des temples publics, et le châtiment de la garde royale qui avait si cruellement maltraité les prisonniers d'Amboise. Malgré les efforts de l'Hôpital, le cardinal de Lorraine et le duc de Guise portent à Coligny les défis les plus violents, et la conférence est brusquement rompue. Le fanatisme des deux partis avait vaincu la tolérance de l'Hôpital.

Charles IX. — Dès les premiers mois du règne, la reine-régente Catherine de Médicis s'établit à Fontainebleau. A cette époque elle favorise les calvinistes. Contre elle se forme le *triumvirat* composé du duc de Guise, du connétable de Montmorency et du maréchal de Saint-André, auxquels se joint, sans trop savoir pourquoi, le roi de Navarre, lieutenant général du royaume. Le prince de Condé médite de s'emparer de la personne du roi, et Catherine n'est pas éloignée de le lui livrer. Soudain le roi de Navarre, poussé par le duc de Guise, se présente à Catherine et lui représente « que les hérétiques en armes tenant la campagne, le roi n'est pas en sûreté dans un château de plaisance qui n'a ni fossés ni murailles; qu'il est de son devoir, comme lieutenant général du royaume, de reconduire Leurs Majestés à Paris ». La reine-mère rassure son fils et montre une sécurité qui prouve son entente avec Condé. Mais le connétable de Montmorency, qui, sous les ordres du roi de Navarre, commandait à toute la force militaire, ordonna le départ immédiat de la cour pour Melun; « et comme les domestiques de Catherine montraient quelque hésitation, il menaça de donner des coups de bâton à ceux qui refuseraient de détendre le lit du roi, pour la crainte qu'ils auraient de sa mère ». La régente et le petit roi tout en larmes furent reconduits à Paris.

Charles IX ne revint plus à Fontainebleau qu'en 1564, au début du grand voyage à travers la France qu'il entreprit avec sa mère. Le luxe de la cour de Catherine rappelait le temps de François Ier. Cent cinquante filles d'honneur, dressées à la séduction, lui servaient à attirer et à retenir autour d'elle catholiques et protestants. Ces belles personnes figuraient dans les ballets et les pantomimes que la reine aimait à composer.

Après la réception solennelle des ambassadeurs du pape, de l'empereur, du roi d'Espagne et du duc de Savoie, qui engagèrent le roi à défendre et à maintenir la foi catholique, les réjouissances commencèrent. La reine-mère, le connétable de Montmorency et le duc d'Orléans offrirent tour à tour de magnifiques festins. Il y eut un tournoi allégorique où l'on vit dix chevaliers délivrer dix dames, vêtues en nymphes, enfermées dans un château enchanté ; enfin une tragi-comédie dont les principaux acteurs étaient le duc d'Anjou (Henri III), Madame Marguerite de France (la reine Margot, première femme de Henri IV), le prince de Condé et le duc de Guise.

Henri III. — Après cette fête brillante, Fontainebleau devient silencieux. Henri III ne vint qu'en 1578 dans ce château où il était né, et qu'il aimait s'il faut en croire les vers que lui prête Desportes, son poète favori :

Lieux de moy tant aimez, si doux à ma naissance,
Rochers qui des saisons dédaignez l'inconstance,
Francs de tout changement,
Effroyables déserts, et vous, bois solitaires,
Pour la dernière fois, soyez les secrétaires
De mon deuil véhément.
Nymphes de ces forests, mes fidelles nourrices,
Tout ainsi qu'en naissant vous me fûtes propices,
Ne m'abandonnez pas,
Quand j'achève le cours de ma triste aventure;
Vous fistes mon berceau, faites ma sépulture,
Et pleurez mon trépas.

On doit aux derniers Valois ou plutôt à leur mère, la reine Catherine, quelques embellissements du palais. Elle fit revêtir de pierres de taille deux des pavillons de la grande façade de la basse-cour ; construire un grand perron qui a été remplacé par le célèbre escalier du Fer à cheval ; achever les peintures de la galerie d'Ulysse ; placer sous un dôme, au milieu de la basse-cour, un moulage en plâtre du cheval de Marc-Aurèle[1] qui se voit à Rome devant le Capitole. Cependant, si nous en croyons du Cerceau, le château était fort délabré au moment de l'avènement de Henri IV.

1. De là le nom de *cour du Cheval blanc*. Ce cheval fut brisé en 1626, pendant la nuit, par les soldats de la garde, qu'il gênait dans leurs manœuvres quand ils venaient prendre la garde au château.

HENRI IV

Avec Henri IV le palais de Fontainebleau reprend son animation. Jusqu'en 1598, c'est-à-dire jusqu'à la conclusion du traité de Vervins, le prince ne fait qu'y passer. Toujours à cheval, il parcourt la France, à la chasse de l'Espagnol et du ligueur. A-t-il un moment de répit, il vient, au débotté, se reposer à Fontainebleau, ordonne et surveille à la hâte quelques travaux, pousse une pointe jusqu'à Montceaux[1] où il a installé la belle Gabrielle d'Estrées, duchesse de Beaufort, puis court se remettre à la tête de ses armées en Normandie, en Picardie ou en Artois.

La paix signée, le bon roi veut rattraper le temps perdu. Les chasses avec curées aux flambeaux, les ballets, les festins vont recommencer dans le palais silencieux depuis tantôt trente ans. Mais pas de reine pour tenir la cour. Marguerite de Valois n'est plus que de nom la femme de Henri IV. La duchesse de Beaufort voit toutes les fêtes données en son honneur. Le roi est retenu auprès d'elle par la naissance de deux fils et d'une fille qu'il aime tendrement. Il n'a point d'héritiers légitimes et regarde parfois avec mélancolie ces beaux enfants si dignes du trône, n'était la tache originelle de leur naissance. Depuis

1. Village non loin de Meaux. Catherine de Médicis s'y était fait construire un superbe palais dont Henri IV fit don à Gabrielle d'Estrées. Il n'en reste plus que des ruines.

longtemps déjà des pourparlers ont lieu entre le roi et la reine Marguerite pour aboutir à une annulation de mariage qui permettrait à Henri IV de se remarier.

Cette situation est pour Gabrielle à la fois un péril et une tentation. Qui le roi va-t-il épouser? S'il le voulait, elle serait reine. Le roi y songe parfois. S'il n'eût écouté que son cœur, il n'eût point hésité à placer à ses côtés sur le trône une femme passionnément aimée, d'humeur douce, point tracassière et dont il avait déjà une belle lignée. Sully, son confident, l'en dissuadait vivement. Gabrielle l'apprit, et certain jour elle osa mettre le roi en demeure de choisir entre elle et Sully. Henri la tança vertement. « Je vous déclare, dit-il, que si j'étais réduit à cette nécessité de perdre l'un ou l'autre, je me passerais mieux de dix maîtresses comme vous que d'un serviteur comme lui. » Sur ces mots le roi allait sortir lorsque Gabrielle se serait jetée à ses pieds en le suppliant de la remettre en grâce auprès de son ami.

Cependant, vers les premiers mois de 1599, le mariage du roi avec Gabrielle semblait imminent. Pâques approchait. Le roi voulut aller à Fontainebleau. Gabrielle devait le rejoindre. Elle était fort affligée depuis quelque temps, dit Sully, et ne faisait que soupirer et pleurer toutes les nuits sans qu'on en pût deviner la cause. Le roi, pressé de la revoir, lui écrivit ce billet : « De nos délicieux déserts de Fontainebleau.

Mes chères amours, ce courrier est arrivé ce soir; je vous l'ai soudain dépêché, parce qu'il m'a dit que vous lui aviez commandé d'être demain de retour auprès de vous, et qu'il rapportât de mes nouvelles. Je me porte bien, Dieu merci; je ne suis malade que d'un violent désir de vous voir. »

« Or, dit Sully, quoy que cette dame fust ainsy agitée de tels soucis et fantaisies, et outre cela fort incommodée de sa grossesse, si ne laissa-t-elle pas néantmoins de vouloir aller avec le roy à Fontainebleau vers la fin du caresme. Mais comme luy vit les festes approcher, et que s'il la retenoist près de luy et en ces jours de dévotion, cela pourroit apprester à parler, voire apporter du scandale aux plus scrupuleux, il luy commanda de s'en aller faire ses Pasques à Paris, pendant qu'il feroit les siennes aux champs, et la voulut conduire quasi à moitié chemin, où en se séparant il se fit de part et d'autre autant de compliments, de mystères et de cérémonies que s'ils eussent bien su qu'ils ne se devoient jamais plus revoir, voire elle en partant, et ayant les larmes aux yeux, lui recommanda son César, son Alexandre et sa Henriette, ses bastiments de Monceaux, et ses pauvres serviteurs; ce qui attendrit tellement le cœur du roy, qu'il ne se pouvoit quasi tirer d'entre ses bras, voire fallut que M. le mareschal d'Ornano et Messieurs de Roquelaure et de Frontenac les vinssent séparer et le ramener. »

La duchesse de Beaufort voyageait en bateau. Elle

était accompagnée de Bassompierre à qui le roi avait dit la veille au soir : « Bassompierre, ma maîtresse vous veut demain mener avec elle dans son bateau à Paris; vous jouerez ensemble par les chemins. » On aborde près de l'Arsenal. Gabrielle va loger chez le financier Zamet, ami du roi et « seigneur de dix-sept cent mille écus ». Elle entend les Ténèbres au petit Saint-Antoine et au retour, comme elle allait commencer une lettre au roi, elle est prise successivement de deux convulsions si violentes qu'elle ne revint plus à elle.

« Elle dura en cet état-là, dit Bassompierre, toute la nuit et le lendemain, qu'elle accoucha d'un enfant mort; le Vendredi saint, à six heures du matin, elle expira. Je la vis en cet état le jeudi après midi, tellement changée qu'elle n'était pas reconnaissable »

Le roi avait été prévenu de la maladie de Gabrielle. Il accourait à toute bride. Bassompierre se porta à sa rencontre et le joignit un peu avant Villejuif. Le roi devina sur sa mine la triste nouvelle, « ce qui lui fit faire de grandes lamentations ». Il fallut le mettre presque de force dans un carrosse pour le reconduire à Fontainebleau. Arrivé au palais, il monta aussitôt dans la salle de la Grande-Cheminée[1], pria toute la compagnie de retourner à Paris « pour prier Dieu pour sa consolation » et ne retint que le seul Bassompierre. « Vous avez été, lui dit-il, le dernier auprès de ma

1. Depuis, la salle de spectacle, consacrée aujourd'hui aux expositions de la Société des Beaux-Arts de l'arrondissement de Fontainebleau.

maîtresse, demeurez aussi près de moi pour m'en entretenir. »

Un courrier avait été dépêché à Sully, qui se trouvait à son château de Rosny. Le bon seigneur était encore couché « devisant avec Madame sa femme » quand il entendit « fort sonner la cloche de la porte et une voix peu après qui crioit incessamment, *de part du roy, de part du roy* ». Il mit la tête à la fenêtre pour appeler ses gens, faire abaisser le pont et ouvrir la porte, puis descendit en bas « en robe de nuict ». — « Le roi est-il malade ? » Ce fut son premier cri. — Non ; madame la duchesse est morte. » La nouvelle ne troubla pas Sully plus que de raison. Il craignait toujours que le roi ne fît la folie d'épouser Gabrielle. Aussi retourna-t-il tout joyeux auprès de sa femme et lui dit en l'embrassant : « Ma fille, il y a bien des nouvelles ; vous n'irez point au coucher ni au lever de la duchesse, car la corde a rompu. Voilà le roy délivré de beaucoup de travaux d'esprit parmi tant d'irrésolutions dont il était agité ! » Et sur-le-champ Sully se met en route pour Fontainebleau.

Henri l'attendait avec impatience. Il le reçut dans la galerie de sa chambre. Sully lui fit un long discours pour l'exhorter à la résignation. Le roi l'écouta avec patience, « après quoi il sortit de la galerie, et fut trouvé beaucoup moins triste par ceux qui estoient dans la chambre, qu'ils ne l'avoient veu auparavant. Et quelques jours après, sa vertu surmontant peu à peu ses passions, et n'ayant plus personne pour l'entretenir d'icelles, il revint en son premier naturel et vaqua comme auparavant aux affaires de l'Estat ». Toutefois il fit porter le deuil à toute sa cour. Il le porta lui-même en noir les huit premiers jours, et ensuite en violet.

A peine Gabrielle est-elle morte qu'on reprend les négociations avec la reine Marguerite, et qu'on prépare un mariage avec la princesse de Toscane, Marie de Médicis. En même temps, le Vert-Galant courtise Henriette de Balzac d'Entragues, fille de Marie Touchet, l'ancienne maîtresse de Charles IX, et, par suite, sœur utérine du duc d'Angoulême. Marie Touchet avait épousé Balzac d'Entragues, gouverneur d'Orléans. Henriette, alors âgée de vingt ans, fort belle, mais ambitieuse et coquette, sut inspirer au roi une passion irrésistible.

Elle commença par se faire donner par le roi cent mille écus, bientôt suivis d'une promesse de mariage écrite en bonne et due forme. Quelques jours après, le roi prit à part Sully, dans la galerie de Fontainebleau, et lui mit un papier entre les mains ; puis « se tournant de l'autre côté, avec une certaine façon, comme s'il eût eu honte de le lui voir lire, il dit : « Li- « sez cela, puis m'en dites votre avis. » C'était la promesse de mariage. Rosny, après l'avoir lue, la rendit au roi, en lui disant qu'il n'avait pas assez médité sur une affaire de telle importance, pour émettre un avis. Mais le roi insistant : « Là, là, dit-il, parlez-en librement, et ne faites point tant le discret; votre silence m'offense plus que ne sauroient faire toutes vos contrariantes paroles, car, sur un tel sujet que je me doute bien que vous ne m'approuverez pas, quand ce ne seroit que pour les cent mille écus que je vous ai fait bailler avec tant de regret. Je vous promets de ne me fâcher de rien que vous puissiez dire. Partant, parlez librement, et me dites ce qu'il vous en semble; je le veux et vous le commande absolument. — Vous le voulez donc, Sire, et me promettez de n'en être point en colère contre moi, quoi que je puisse dire et faire? — Oui, oui, dit le roi, je vous promets tout ce que vous voudrez, car aussi bien, pour votre dire, n'en sera-t-il ni plus, ni moins. » Sully reprit alors la promesse comme s'il voulait la relire et la déchira en deux : « Voilà, Sire, puisqu'il vous plaît le savoir, ce qu'il me semble d'une telle promesse! — Comment, morbleu! ce dit le roi, que pensez-vous faire? Je crois que vous êtes fou! — Il est vrai, Sire, je suis un fou et un sot, et je voudrais l'être si fort que je le fusse tout seul en France. » Il voulait continuer à parler, mais le roi rentra dans son cabinet sans lui répondre, écrivit une autre promesse, sortit, passa devant lui sans le regarder, monta à cheval, et partit pour Malesherbes où l'attendait Henriette d'Entragues. Sully se crut disgracié, mais, peu de jours après, le roi, en lui donnant la charge de grand-maître de l'artillerie, lui prouva qu'il avait apprécié sa courageuse sincérité.

Un complice s'offrit en ce moment à l'artificieuse Henriette qui visait si haut : c'était le maréchal de Biron, depuis lontemps mécontent du roi dont il avait lassé la générosité. Lorsque le duc de Savoie vint en France, en décembre 1599, le maréchal ne repoussa pas les offres que lui fit ce prince insinuant. Pendant les fêtes qui furent données à Fontainebleau, le duc et le maréchal se virent secrètement. Le duc voulait que le maréchal l'aidât à recouvrer le marquisat de Saluces, et laissait entrevoir au maréchal la fortune des Guises et l'appui des Espagnols. Cependant rien de définitif ne fut alors conclu entre eux. Les pourparlers traînèrent pendant deux années (1600 et 1601) avec la complicité de la marquise de Verneuil.

Au plus fort de ces intrigues de politique et d'amour eut lieu à Fontainebleau, dans la salle du conseil, le 4 mai de l'an 1600, une conférence religieuse entre l'évêque d'Evreux, Davy Duperron, et le célèbre Duplessis-Mornay, qu'on appelait le *pape des huguenots*. Cette discussion ne tourna pas à l'honneur de Duplessis-Mornay. On lui prouva, paraît-il, la fausseté de certaines citations contre l'Eucharistie, et au sortir de la séance, le roi dit à Sully : « Eh bien ! que pensez-vous de votre pape ? — Il me semble qu'il est plus *pape* que vous ne pensez ; car ne voyez-vous pas qu'il donne le chapeau rouge à M. d'Evreux ? mais, au fond, je ne vis jamais homme si étonné, ni qui se défendît si mal. Si notre religion n'avoit un meilleur soutien que ses jambes et ses bras en croix (Mornay les tenait ainsi), je la quitterois plutôt aujourd'hui que demain. » A la

LA PORTE DORÉE

suite de cette conférence, Duperron fut créé cardinal, et le président de Canaye, l'un des juges, se convertit au catholicisme.

Depuis décembre 1599 le divorce était prononcé entre le roi et la reine Marguerite, et en décembre 1600, Henri IV épousait Marie de Médicis. Les cérémonies du mariage eurent lieu à Lyon. La jeune reine passa ensuite quelques jours à Fontainebleau. Elle y revint pendant l'été de 1601 et accoucha d'un dauphin le 27 septembre. La sage-femme qui assista la reine nous a laissé la naïve relation de cette naissance.

Elle s'amuse à cacher d'abord au roi le sexe de l'enfant. Le petit dauphin lui paraît faible; elle veut lui faire boire du vin. Le roi le lui verse dans une cuillère, elle l'avale et le « souffle » elle-même dans la bouche de l'enfant. Mais Henri ignore encore s'il est père d'une fille ou d'un garçon. « Il vint, dit la sage-femme, à côté de la reine et se baissa, et me dit, la bouche contre mon oreille : « Sage-femme, est-ce « un fils? » Je lui dis que oui. « Je vous prie, ne « me donnez pas de courte joie, cela me ferait mou« rir. » Je développe un petit M. le dauphin et lui fis voir que c'étoit un fils, que la reine n'en vit rien. Il leva les yeux au ciel, ayant les mains jointes, et rendit grâce à Dieu. Les larmes lui rouloient sur la face, aussi grosses que de gros pois. » Le roi s'approcha alors de la reine, et l'embrassant : « Ma mie, vous « avez eu beaucoup de mal, mais Dieu nous a fait une « grande joie de nous avoir donné ce que nous lui « avions demandé : nous avons un beau fils. » La reine, à l'instant, joignit les mains, et les levant avec les yeux vers le ciel, jeta quantité de grosses larmes, et à l'instant tomba en faiblesse. » Déjà le roi avait ouvert la porte de la chambre et fait entrer toute la cour. Il y avait plus de deux cents personnes autour du lit de la reine. La sage-femme s'en fâcha. « Tais-toi! tais-toi! sage-femme, dit le roi, ne te fâche pas; cet enfant est à tout le monde, il faut que chacun s'en réjouisse. » Et prenant le dauphin entre ses bras, il le montre aux assistants, lui met son épée entre les mains : « La puisses-tu, mon fils, employer à la gloire de Dieu, à la défense de la couronne et du peuple! »

Un mois après, l'enfant royal faisait sa première entrée à Paris. On le menait à Saint-Germain, à cause du bon air. Il était en litière ouverte, et afin que le peuple pût le voir aisément, la nourrice le tenait à la mamelle.

Ce serait mal connaître Henri IV que de se figurer que son mariage avait rompu sa liaison avec Henriette d'Entragues, alors marquise de Verneuil. Un fils était né de leurs amours quelques jours après le dauphin. La reine, accompagnée de l'enfant royal, ayant rencontré dans le parc Henriette et son fils, celle-ci eut l'audace de dire : « Voici nos deux dauphins, Madame, mais le mien est plus beau que le vôtre! » Marie de Médicis répondit par un soufflet rudement appliqué sur la joue de la favorite. On peut juger par ce trait des criailleries que le roi avait à supporter.

Cependant, la marquise ne se piquait pas d'une

fidélité rigoureuse. Les mémoires de Bassompierre en font foi. Est-ce elle que le roi soupçonnait lorsqu'il plaça, dans la galerie de Diane, Pontis[1], cadet au régiment des gardes, avec ordre d'épier « un des premiers seigneurs de sa cour, qui allait, après son coucher, visiter une grande dame, pour lors logée au château » ?

Pontis, sur les onze heures, muni d'une clef qui ouvrait toutes les portes du palais, alla donc se placer dans un recoin de la galerie, d'où il pouvait tout voir sans être vu. « Au bout d'une heure, dit-il, j'entendis venir celui de qui on m'avoit parlé ; mais comme il n'avoit pas de lumière, on ne pouvoit le connoître. Je ne lui donnai pas le loisir d'aller dans la chambre où il alloit, parce que je le suivis ; et lui, m'ayant entendu, tourna à côté dans une autre galerie : où il se coula si doucement et si vite qu'il s'en fallut peu qu'il ne m'échappât dans l'obscurité. Cela m'obligea de doubler le pas pour le suivre de plus près. Il se douta aussitôt qu'on le suivoit, et étant entré dans la galerie des Cerfs, il tira la porte sur lui, espérant de m'arrêter tout court ; mais il fut bien étonné d'entendre ouvrir la porte et de se voir suivi comme auparavant. Alors il fit cent tours dans les cours et basses-cours, et enfin se sauva dans le jardin, dont il ferma brusquement la porte, croyant m'échapper par ce moyen et se cacher en quelque lieu. Son dessein lui réussit

1. Ce Pontis est mort à Port-Royal, après avoir servi sous trois rois.

assez heureusement d'abord, car s'étant caché dans une grande et épaisse palissade qui faisoit un grand ombrage et le mettoit à couvert de la clarté de la lune, je ne vis personne lorsque j'entrai dans le jardin. Mais lorsque j'étois comme au désespoir de l'avoir ainsi laissé échapper, retournant vers la porte et regardant dans l'épaisseur des plus proches palissades, je l'y aperçus. Lui, se voyant ainsi découvert, sortit de la palissade tout en colère, faisant mine de vouloir s'en aller fort vite; mais tout d'un coup il se retourna et dit tout haut : « Ah ! c'en est trop ! » Et il fit semblant de mettre l'épée à la main. Je m'arrêtai et demeurai ferme sans dire un seul mot et fis mine de vouloir me défendre, résolu de le faire si on m'y eût obligé, mais ce seigneur fit encore quelques tours et rentra ensuite dans la galerie, d'où il se retira dans sa chambre, à la porte de laquelle je demeurai comme en faction.

« Le roi ne tarda pas à paraître en robe de chambre avec une petite lanterne à la main, et quoique je n'eusse jamais eu l'honneur de lui parler, je tâchai de lui rendre compte de ma commission le mieux que je pus, et comme je lui représentois assez naïvement la colère avec laquelle mon gentilhomme étant tout à coup sorti de la palissade, il avait fait mine ensuite de mettre l'épée à la main, le roi m'interrompant me demanda : « Mais qu'aurois-tu foit, cadet, s'il étoit venu « jusqu'à toi ! — Je me serois défendu, Sire, lui dis-je.

« Car Votre Majesté m'avoit bien fait commander de « ne point parler, mais non pas de ne point me dé- « fendre. » Le roi éclatant de rire ajouta : « Je le juge « bien à ta mine. » Il voulut ensuite que je lui représentasse plus particulièrement la posture et l'action du seigneur, ce que je tâchai d'exprimer de la manière la plus vive et la plus agréable qu'il me fut possible, et que je jugeois devoir davantage lui plaire. Et toute cette petite comédie étant ainsi achevée, il me dit qu'il étoit parfaitement satisfait de mes services et me promit de se souvenir de moi. »

Malgré ses infidélités, Mme de Verneuil osait encore se flatter de faire déclarer nul le mariage du roi. Des intrigues s'ourdissaient dans ce but. Le comte d'Auvergne et le duc de Bouillon y prirent part; Biron renoua ses rapports avec l'étranger. Il reprit ses correspondances avec le duc de Savoie et le comte de Fuentès, gouverneur de Milan pour le roi d'Espagne. L'imprudent courait à sa perte. A ce moment cependant il était au comble de la faveur.

En effet, en octobre 1601, il fut envoyé à Londres et reçu avec honneur par la reine Elisabeth. A son retour il fut fort bien accueilli par le roi qui le conduisit à Fontainebleau et lui en fit les honneurs avec de grands témoignages d'affection. Mais Biron était aveuglé. Un de ses complices, nommé La Fin, lui vola l'original du traité passé avec le duc de Savoie et le remit au roi. Il s'agissait de livrer la France à l'Espagne et de substituer le fils de la marquise de Verneuil aux droits du dauphin. Aussitôt Henri fit part à Sully des révélations de La Fin, et tous les deux furent d'avis qu'il fallait appeler le maréchal et l'interroger. On se déciderait d'après sa conduite.

Le roi manda le maréchal à Fontainebleau : « Je ne voudrais pas, disait-il, les larmes aux yeux, que le maréchal de Biron fût le premier exemple de la sévérité de ma justice, et que mon règne, jusqu'ici calme et serein, se chargeât tout soudain de foudres et d'éclairs. » Biron se décida à quitter Dijon. A Montargis, il reçut de sa sœur, la comtesse de Roussi, un avis ainsi conçu : « Si vous allez plus loin, vous êtes perdu ; » mais persuadé, comme le duc de Guise à Blois, *qu'ils n'oseraient,* il poursuivit sa route, et arriva à Fontainebleau le 13 juin 1602 de grand matin.

Le roi entrait dans le grand jardin et disait : « Non, il ne viendra pas. » Mais à l'instant le maréchal parut, et dès qu'il aperçut Sa Majesté, il fit trois révérences. Le roi s'avançant l'embrassa, et lui dit : « Vous avez bien fait de venir, car autrement je vous allais quérir. » Puis il le prit par la main, et ils passèrent ainsi d'un jardin dans l'autre, où Sa Majesté lui parla « des avis qu'il avait eus de quelques mauvaises intentions contre son État, ce qui ne lui apporterait qu'un repentir, s'il lui disait la vérité ». Le maréchal répondit quelques paroles hautaines, entre autres, « qu'il n'était venu pour se justifier, mais pour savoir qui étaient ses accusateurs; qu'il n'avait pas besoin de pardon, puisqu'il n'avait offensé ».

Après dîner, le roi se promenait dans la salle, où sa statue était sculptée en relief sur la cheminée. Biron vint l'y trouver. Le roi, lui montrant cette statue, dit : « Eh bien! cousin, si le roi d'Espagne me voyait comme cela, que dirait-il? — Il ne vous craindrait guère, » répondit le maréchal. Un regard du roi le fit rentrer en lui-même. Il reprit ausitôt : « J'entends, Sire, en cette statue, mais non pas en votre personne. — Bien, Monsieur le maréchal, » répliqua le roi avec un sourire amer, et il alla trouver Sully en son pavillon, au bout du parterre. « Mon ami, dit-il tristement, voilà un malheureux homme que le maréchal. J'ai envie de lui pardonner ; mon cœur ne se peut porter à faire du mal à un homme qui a du courage, duquel je me suis si longtemps servi, et qui m'a été si familier. Mais toute ma crainte est que, quand je lui aurai pardonné, il ne pardonne, ni à moi, ni à mon enfant, ni à mon État! »

Sully proposa de tenter à son tour une démarche auprès du maréchal. Il alla le trouver dans la chambre du roi. Le maréchal le salua très froidement. « Hé! qu'est-ceci, Monsieur? s'écria Sully. Vous me saluez en sénateur et non pas à l'accoutumée. Ho! ho! il ne faut pas faire ainsi le froid, embrassez, embrassez-moi encore une fois, et causons. » Ils s'assirent : « Eh bien! Monsieur, quel homme êtes-vous? Avez-vous salué le roi? Que lui avez-vous dit? Vous le connaissez bien, il est libre et franc, et veut que l'on vive de même

SALLE DU TRONE

avec lui. L'on m'a dit que vous avez fait le froid et le retenu avec lui ; cela n'est pas de saison, ni selon son humeur et la vôtre. Ce n'est pas comme il faut procéder envers cet esprit vraiment royal : ouvrez-lui votre cœur et lui dites tout, ou à moi si vous voulez, et devant qu'il soit nuit, je vous réponds que vous demeurerez contents l'un de l'autre. — Je veux bien vous croire, reprit Biron; mais je ne sais rien et n'ai à confesser péché ni peccadille; car j'en sens ma conscience fort nette. »

Le roi lui-même revint à la charge. « Je sais tout, dit-il en embrassant le maréchal. Parle, Biron, mon ami, c'est ton ami qui t'en prie; personne autre que moi ne le saura. » Biron resta insensible. Il s'en fiait à son complice La Fin, qui lui avait dit à son arrivée à Fontainebleau : « Courage et bon bec, mon maître, ils ne savent rien. »

La nuit se passa. Le lendemain le roi se lève de bon matin et s'en va promener dans le jardin de Diane. Il fit appeler le maréchal et lui parla assez longtemps. L'on voyait le maréchal la tête nue, frappant sa poitrine en parlant au roi; ce n'étaient, paraît-il, que menaces contre ceux qui l'accusaient. Cette opiniâtreté triompha enfin des hésitations du roi. Après un entretien avec la reine et Sully, Henri donna l'ordre d'arrêter le soir même Biron et le comte d'Auvergne.

Pendant le souper qu'il fit avec plusieurs seigneurs, le maréchal fit un éloge emphatique du roi d'Espagne Philippe II. « Ignorez-vous, lui dit-on, que ce roi ne pardonne jamais une offense, pas même à son propre fils? » La cour passa chez le roi pour le jeu. Biron reçut alors un billet de sa sœur : « Si vous ne vous retirez, dans deux heures vous êtes arrêté. » Un de ses familiers lui dit encore : « Monsieur, je voudrais avoir un poignard dans le sein et que vous fussiez en Bourgogne. — Si j'y étais, répondit Biron, et que je dusse en avoir quatre, le roi m'ayant mandé, je viendrais. » Et il entra dans la chambre du roi. Il joua avec la reine. Pendant qu'il jouait le comte d'Auvergne lui dit à l'oreille : « Il ne fait pas bon pour nous ici. » Minuit allait sonner. Le roi voulut tenter une dernière épreuve et, attirant Biron dans l'embrasure d'une croisée : « Maréchal, c'est de votre bouche que je veux enfin savoir ce dont, à mon grand regret, je suis trop éclairé; je vous assure votre grâce, et quoi que vous ayez commis contre moi, je vous couvrirai du manteau de ma protection et l'oublierai pour jamais. — Oh! c'est trop pousser un homme de bien, répondit Biron avec impatience; c'est moi qui vous demande justice de mes ennemis, sinon je me la ferai moi-même. — Bien, maréchal, je vois que je n'apprendrai rien de vous. ». Henri sortit alors et donna aux capitaines de ses gardes, Vitry et Praslin, l'ordre d'arrêter Biron et le comte d'Auvergne, et rentrant dans sa chambre il congédia tout le monde et dit au maréchal : « Adieu, baron de Biron, vous savez ce que je vous ai dit. »

Un aveu pouvait encore tout sauver. L'orgueilleux maréchal ne put s'y résoudre et sortit. Vitry l'attendait dans la salle Saint-Louis, et lui demanda son épée au nom du roi. « Tu te railles, dit Biron. — Le roi m'a commandé de lui rendre compte de votre personne. — Fais, je te prie, que je parle au roi. — Non, Monsieur, le roi est retiré; votre épée. — Mon épée! mon épée! qui a fait tant de bons service! — Oui, Monsieur, baillez votre épée. » Biron se soumet enfin, mais dit aux seigneurs qui étaient là : « Voyez, Messieurs, comme on traite les bons catholiques. »

Pendant ce temps Praslin arrêtait le comte d'Auvergne qui s'écria : « Voici mon épée! Elle n'a jamais tué que des sangliers. Si tu m'avais averti de ceci, il y a deux heures que je dormirais. » Et en effet, il se coucha tranquillement et dormit. On enferma Biron dans le *Pavillon des Armes*, sur la cour du Cheval blanc. Il se promenait à grands pas, frappait du poing contre les murailles, apostrophait les gardes, se parlait à lui-même, s'accusait d'imprudence; donnait des ordres, puis s'interrompait, se rappelant qu'il était prisonnier et qu'il n'y avait là personne pour lui obéir.

Biron fut conduit en bateau à la Bastille, avec le comte d'Auvergne, dans la nuit du 15 au 16 juin. Six semaines après il fut condamné par les Pairs et le Parlement, toutes chambres assemblées, à avoir la tête tranchée en Grève et ses biens confisqués. Enfin le 31 juillet 1602 il fut exécuté, par faveur, dans la cour de la Bastille, « et parut plus agité et transporté en cette dernière action que l'on n'eût cru ». Son corps fut enterré en l'église Saint-Paul. Le comte d'Auvergne eut son pardon.

La mort de Biron ne mit pas fin aux intrigues de cour dont la marquise de Verneuil était l'âme. Un soir que le roi était parti déguisé de Fontainebleau, pour aller retrouver sa maîtresse, il pensa tomber entre les mains de quinze ou seize parents des d'Entragues qui l'attendaient dans la forêt pour l'enlever. Il ne leur échappa que par un insigne bonheur.

Henri se décida à sévir. Les coupables furent livrés au Parlement, qui condamna les comtes de Balzac et d'Auvergne à avoir la tête tranchée, et la marquise à être enfermée pour le reste de ses jours dans un couvent. Vaines menaces d'ailleurs! Le roi commua leur peine. Balzac fut simplement exilé à Malesherbes. Le comte d'Auvergne resta quelques mois à la Bastille, et Henriette dicta elle-même les conditions de sa grâce.

A peine libre, elle mit tout en œuvre pour perdre Sully. Les ennemis du ministre avaient si bien multiplié leurs attaques que des doutes étaient nés dans l'esprit du roi. Il partait un matin pour la chasse, lorsque Sully, qui était venu à Fontainebleau lui faire sa cour, s'approcha pour prendre congé : « Où allez-vous? » lui dit le roi cherchant à entamer la conversation. « A Paris, Sire, répondit Sully, pour les affaires dont Votre Majesté me parla il y a deux jours. — Eh bien! allez, reprit-il, c'est bien fait. Je vous recommande toujours mes affaires et que vous m'aimiez bien. » Ensuite il l'embrassa et le laissa aller. Mais à peine Sully avait-il fait quelques pas, que Henri le rappela : « N'avez-vous rien à me dire ? lui demanda-t-il. — Non pour le présent. — Aussi bien ai-je moi à vous, » repartit le roi : en même temps il le prit par la main et le mena, à la vue de toute sa cour, dans une allée du jardin. Là, il ne fut plus question de soupçons. Le roi nomme à Sully ceux qui avaient travaillé contre lui, lui découvre leurs manœuvres et leurs accusations, et s'accuse d'y avoir donné un moment créance. Enfin le roi entremêle cette conversation de tant de regrets de s'être laissé prévenir, de tant de promesses d'une confiance et d'une amitié inaltérables, que le duc veut se jeter à ses pieds pour le remercier. Plus prompt que Sully, Henri IV le prit dans ses bras : « Relevez-vous, dit-il, on croirait que je vous pardonne. » Il l'embrassa avec affection, et rentrant dans le cercle des courtisans : « Messieurs, leur dit-il, je veux vous dire à tous que j'aime Rosny plus que jamais, et qu'entre lui et moi c'est à la vie et à la mort. »

Jusqu'à la fin du règne, Fontainebleau ne connaîtra plus que des fêtes. Le roi y attire les poètes, et Malherbe célèbre le séjour préféré du roi :

Beaux et grands bâtiments d'éternelle structure,
Superbes de matière et d'ouvrages divers,
Où le plus digne roi qui soit en l'univers
Aux miracles de l'art fait céder la nature ;
Beau parc et beaux jardins qui, dans votre clôture,
Avez toujours des fleurs et des ombrages verts,
Non sans quelque démon qui défend aux hivers
D'en effacer jamais l'agréable peinture ;

Lieux qui donnez aux cœurs tant d'aimables désirs,
Bois, fontaines, canaux, si, parmi vos plaisirs,
Mon humeur est chagrine et mon visage triste,
Ce n'est pas qu'en effet vous n'ayez des appas,
Mais quoi que vous ayez vous n'avez point Caliste
Et moi je ne vois rien quand je ne la vois pas.

Les fêtes succèdent aux fêtes. Le 14 septembre 1606 on procède au baptême de trois enfants de France, le dauphin, la princesse Elisabeth, depuis reine d'Espagne, et la princesse Christine, depuis duchesse de Savoie. La cour ovale était couverte d'une grande toile peinte où l'on voyait « la figure d'un dauphin, les chiffres du roi et de la reine et des fleurs de lis en or ». Un grand pont orné de tapisseries joignait les fenêtres de la salle de Saint-Louis, dans le donjon, au dôme du Baptistère. Sous ce dôme se dressait un magnifique autel, et tout autour de la cour s'étageaient des gradins remplis de peuple. Après la cérémonie un splendide souper fut servi dans la salle de bal. « Jamais, dit l'Estoile, on n'avoit vu pareille richesse; l'épée du duc d'Epernon avoit dix-huit cents diamants; l'habit du maréchal de Bassompierre, dont la façon lui coûta six cents écus, étoit de toile d'or violette; le brodeur y avoit employé cinquante livres pesant de perles. »

Pendant toutes ces fêtes on jouait nuit et jour. Bassompierre nous édifie sur ce point. C'est d'abord quand il revient à la cour après un voyage en Hongrie (1604) : « Le roy étoit dessus cette grande terrasse, devant la cour du Cheval blanc, quand nous y arrivâmes, et nous y attendit, me recevant avec mille embrassades; puis me mena en la chambre de la Reine, sa femme, et fus bien reçu des dames, qui ne me trouvèrent point mal fait pour un Allemand invétéré d'une année dans le pays. Il me prêta ses chevaux pour courre le cerf le lendemain qui étoit le jour de la Saint-Barthélemy, 24 d'août. *Il ne voulut point courre ce jour-là auquel il avoit couru tant de fortune autrefois*. Après la chasse je le vins trouver à la salle des Étuves, où nous jouâmes au lansquenet avec la reine et lui. »

Puis lorsqu'on reçoit à Fontainebleau le duc de Mantoue, beau-frère du roi : « Nous demeurâmes quelques jours à Fontainebleau, jouant le plus furieux jeu dont on ait ouï parler. Il ne se passoit journée qu'il n'y eût vingt mille pistoles pour le moins de perte ou de gain. Les moindres marques étoient de cinquante pistoles, les marques les plus grandes étoient de cinq cents pistoles; de sorte que l'on pouvoit tenir dans sa main plus de cinquante mille pistoles de ces marques-là. Je gagnai cette année-là plus de cinq cent mille livres au jeu, bien que je fusse distrait par mille folies de jeunesse et d'amour. »

Pendant tout le règne, les visiteurs illustres se succédèrent à Fontainebleau; en 1601, ce sont les ambassadeurs vénitiens; en 1607, un envoyé du Sultan; en 1608, don Pedre de Tolède, chargé par le roi d'Espagne de proposer une alliance pour l'extermination des hérétiques. Don Pedre échoua dans sa mission. C'est lui qui, parcourant un jour avec le roi le palais et les jardins de Fontainebleau, lui dit avec à-propos : « Cette maison serait plus belle, Sire, si Dieu y était logé aussi bien que Votre Majesté. » Cette saillie décida peut-être Henri IV à presser la restauration de la chapelle de la Sainte-Trinité.

Henri IV vint pour la dernière fois à Fontainebleau en mars 1610. Le 14 mai suivant, il tombait sous le couteau de Ravaillac.

Le souvenir de ce bon roi est aussi vivant à Fontainebleau que celui de François Ier lui-même. Peut-être même Henri IV a-t-il plus fidèlement aimé ce beau lieu dont il avait fait sa résidence habituelle. Outre la restauration de la chapelle de la Trinité, on lui doit la cour des Offices, — le bâtiment très élégant où se trouvent la galerie des Cerfs et la galerie de Diane, — la décoration de la salle de Louis XIII. Dans le parc il fit creuser le grand canal, dessina le jardin de l'Etang et traça le plan du parterre qui subsiste encore malgré les retouches opérées sous Louis XIV par Le Nôtre. Enfin, il continua d'enrichir la bibliothèque dont, sous son règne, Casaubon était le conservateur.

LOUIS XIII

Louis XIII ne semble pas être venu à Fontainebleau avant le mois d'avril 1621. Il y tint à cette époque un conseil important, avec le connétable de Luynes, le prince de Condé, les ducs de Guise, de Mayenne, d'Elbeuf et de Brissac, et décida contre les Réformés la guerre qui s'arrêta en octobre 1622, après le siège de Montauban.

Pendant l'été de 1625, le roi reçut à Fontainebleau le cardinal Barberin, neveu du pape Urbain VIII, envoyé pour arranger l'affaire de la Valteline, révoltée contre les Grisons, souverains de cette vallée alpestre. Le légat fut reçu avec une magnificence particulière, logé près du roi et de la reine. Il leur donna la communion. Marie de Médicis lui offrit une collation dans la galerie d'Ulysse. Anne d'Autriche, un repas dans la galerie de Diane. Mais les négociations furent inutiles, et la France soutint les Grisons, malgré le Pape, qui voulait l'indépendance de la Valteline.

En 1626, se dénoua à Fontainebleau l'intrigue de cour qui coûta la vie au malheureux Henri de Talleyrand, comte de Chalais. La duchesse de Chevreuse avait engagé ce jeune homme, qui l'aimait, dans le parti de Gaston d'Orléans, frère du roi. Ce prince, excité par le maréchal d'Ornano, son ancien gouverneur, conspirait contre Richelieu pour éviter un mariage avec Mlle de Montpensier. La cour était à Fontainebleau depuis Noël 1625. Le cardinal habitait sa maison de Fleury, à deux lieues du palais. Avec l'aide de Chalais, les officiers de Gaston projetèrent d'enlever le premier ministre. Mais Chalais, pris de remords ou de peur, avertit Richelieu qui se retira à Fontainebleau, avant que le coup de main eût été tenté.

Dès lors l'imprudent Chalais, surveillé de près par Richelieu, impuissant à se dégager des intrigues de Gaston, joue un double rôle qui le rend suspect aux deux partis. Il compromet le maréchal d'Ornano que Louis XIII attire à Fontainebleau pour le faire arrêter après l'avoir indignement flatté pendant toute une journée; il compromet les deux Vendôme que l'on enferme dans le château de Nantes; lui-même, enfin, est accusé par un rival d'amour d'avoir voulu attenter à la vie du roi. Gaston l'abandonne; le malheureux Chalais est jeté dans un cachot, et après un procès de deux mois il a la tête tranchée sur une place publique de Nantes. Rien n'avait pu fléchir l'implacable vengeance de Richelieu.

En 1629, lord Edmond, envoyé de Charles II d'Angleterre, jure dans l'église paroissiale de Fontainebleau la paix entre la France et l'Angleterre. Cette cérémonie est suivie d'un grand souper dans la salle de bal.

En 1633, a lieu dans la salle de la Belle cheminée, disposée provisoirement en chapelle, une promotion de chevaliers de l'ordre du Saint-Esprit.

Enfin, en 1642, après le procès de Cinq-Mars, Richelieu mourant traversa Fontainebleau en retournant à Paris. Vingt-quatre de ses gardes le portaient dans une énorme litière, et pour le monter dans sa chambre (il ne pouvait plus marcher), on fut obligé, dit-on, d'éventrer une croisée de l'hôtel d'Albert, où il logeait. Louis XIII qui l'avait attendu à Fontainebleau revint avec lui à Paris. Le ministre mourut le 4 décembre suivant, et le roi le 14 mai 1643.

Fontainebleau doit à Louis XIII l'escalier du Fer à cheval et la décoration de l'appartement des Reines-mères. Le palais sous ce règne était arrivé à son plus haut degré de splendeur, et les poètes en célébraient à l'envi les magnificences. Le père Dan cite de curieux vers de ce Colletet que Boileau nous représente.

> crotté jusqu'à l'échine,
> Allant chercher son pain de cuisine en cuisine.

Voici ces vers, un peu mythologiques, mais non pas dépourvus de grâce et de facilité. C'est une description des jardins du palais :

> Parterres enrichis d'éternelle peinture,
> Où les grâces de l'art ont fardé la nature,
> Que votre abord me plaît, que vos diversités
> Me montrent à l'envi de naissantes beautés !
> Vieux chênes et vous pins dont les pointes chenues
> S'éloignent de la terre et s'approchent des nues,
> Bois où l'astre du jour, confondant ses rayons,
> Fait naître cent soleils pour un que nous voyons ;

Beaux lieux dont la tranquille et plaisante demeure
Ne reçoit pas d'ennui qu'aussitôt il n'y meure;
Vous voir, vous posséder est le bien le plus doux.
N'est-ce pas vivre heureux que de vivre chez vous?
Après avoir passé dans une grande allée
D'aulnes et d'ypréaux artistement voilée,
Le favorable dieu qui préside en ces lieux
Fait voir d'un grand canal l'objet tout gracieux,
Où le chant des oiseaux et le bruit des fontaines
Font un concert plus doux que celui des syrènes.
C'est un plaisir de voir la nymphe de ces eaux
Couvrir sa nudité d'un crêpe de roseaux,
Friser l'azur flottant de ses tresses humides,
Se couronner le front de ses perles liquides,
Ternir de son éclat les nymphes d'alentour
Et paraître une reine au milieu de sa cour.

LOUIS XIV

Pendant le règne d'Anne d'Autriche, Fontainebleau est un peu abandonné pour Saint-Germain, plus proche de Paris. La reine d'Angleterre, Henriette de France, y fait un court séjour en 1644 en revenant de prendre les eaux de Bourbon-l'Archambault. Elle y est logée dans l'appartement des Reines-mères.

En septembre 1645, le jeune roi Louis XIV vient pour la première fois à Fontainebleau. On y célèbre, par procuration, le mariage de la princesse Marie de Gonzague avec le roi Vladislas de Pologne; on reçoit en grand appareil l'oncle du roi, Gaston d'Orléans, qui revenait de l'armée des Pays-Bas. Le jeune roi alla au-devant de lui jusqu'à la Croix de Saint-

Ilérem et le fit monter dans son carrosse. Pendant une chasse qui suivit, Mazarin tua d'un coup d'épée un sanglier qui s'était jeté sur son cheval.

L'été suivant, Fontainebleau vit revenir la reine d'Angleterre obligée de quitter son royaume et son époux après les premières victoires de Cromwell. Le prince de Galles, depuis Charles II, accompagnait sa mère dans l'exil. On aurait voulu faire oublier à la malheureuse Henriette de France les soucis que lui causait la révolution d'Angleterre. Chasses, promenades, concerts, tout fut mis en œuvre. Un festin eut lieu dans la galerie des Cerfs au son de la musique des vingt-quatre violons du roi; un petit bal fut donné au prince de Galles pour l'initier aux grâces de la danse française. Mais les exilés ne songeaient qu'à l'Angleterre, d'où arrivaient les plus sombres nouvelles.

Plus gaie fut, en 1646, la réception du comte de la Gardie, ambassadeur de Christine de Suède. « Anne d'Autriche, pour le régaler (dit Mme de Motteville), lui donna à Fontainebleau tous les divertissements ordinaires. Il orna la promenade du canal d'un carrosse en broderies d'or et d'argent qu'il avait fait faire pour sa reine. Il le fit traîner par six chevaux richement harnachés, au milieu d'une douzaine de pages de cette princesse, habillés de sa livrée, qui était jaune et noir, avec des parements d'argent. Cette cour en figure, avec la nôtre effective et belle, rendait la promenade tout à fait agréable. » Les troubles de la

Fronde et les événements politiques firent ensuite délaisser Fontainebleau pendant plus de douze ans.

Pendant l'automne de 1657, la reine Christine de Suède habita Fontainebleau, où le jeune roi vint lui faire une courte visite. Christine traînait partout avec elle un secrétaire très intime, le marquis de Monadelschi, contre lequel elle avait ou croyait avoir des griefs restés ignorés. Le 10 novembre elle envoya quérir un religieux mathurin, le père Lebel, desservant de la chapelle du château, lui confia, sous le sceau de la confession, un paquet de lettres cacheté à ses armes, avec ordre de le lui rendre à la première réquisition. Cela fait, elle appela Monadelschi dans la galerie des Cerfs, lui dit qu'il l'avait trahie et qu'il fallait qu'il en fût puni. Monadelschi niait; Christine fit alors entrer le Père Lebel, et preuves en main, convainquit Monadelschi de sa trahison. « Alors, dit Madame de Motteville, il se jeta à ses pieds et lui demanda pardon. Elle lui dit qu'il étoit un traître et qu'il ne méritoit pas de grâce; et ayant dit au Père de le confesser, elle les quitta tous deux pour rentrer dans son appartement, d'où elle envoya dans la galerie Sentinelli, son capitaine des gardes, qui avoit ordre de faire l'exécution. Monadelschi refusa longtemps de se confesser, demanda pardon à son bourreau Sentinelli, et le pria d'aller, de sa part, implorer la miséricorde de la reine, leur maîtresse. » Celle-ci se moqua de ce que Monadelschi avait peur de la mort, « l'appela poltron et dit à son capitaine des gardes : « Allez, il faut qu'il meure, et, « afin de l'obliger à se confesser, blessez-le. » Sentinelli revint annoncer à ce misérable l'arrêt définitif de sa mort, et en même temps lui voulut donner quelques coups d'épée ; mais il trouva qu'il étoit armé sous son pourpoint; si bien que l'épée ne put le blesser qu'au bras dont il para le coup. Il en reçut encore un sur la tête, et comme il se vit baigné dans son sang, alors il se confessa au Père Lebel, qui étoit aussi effrayé que son pénitent. Le Père, après l'avoir confessé, alla se jeter aux pieds de cette reine impitoyable qui le refusa de nouveau. Enfin Sentinelli lui passa son épée au travers de la gorge, et la lui coupa à force de la chicoter. Quand il fut expiré, on prit son corps et on l'emporta enterrer sans bruit[1]. Cette barbare princesse, après une action si cruelle que celle-là, demeura dans sa chambre à rire et à causer, aussi tranquillement que si elle eût fait une chose indifférente et fort louable. » Malgré l'horreur qu'inspira ce crime et une lettre insolente qu'elle aurait écrite à Mazarin, Christine passa à la cour de France le carnaval de 1658, fut logée au Louvre, et vit le roi danser un ballet.

En 1660 est célébré, à Saint-Jean-de-Luz, le mariage de Louis XIV avec l'infante d'Espagne, Marie-Thérèse. Pendant qu'on préparait à Paris l'entrée triomphale de la reine, les nouveaux époux résidèrent

1 Dans l'église d'Avon, où se voit encore la pierre tumulaire.

GALERIE HENRI II

à Fontainebleau. Ils y revinrent en juin 1661, quelques semaines après la mort du cardinal Mazarin.

A ce moment Marie-Thérèse était enceinte et l'on attendait sa délivrance. Louis XIV, qui désirait vivement un dauphin, faisait dire partout des prières publiques, mais sans interrompre les réjouissances de la cour. Un roi de vingt-trois ans, beau, spirituel et victorieux, répandait autour de lui l'allégresse et les plaisirs. Ce fut un délicieux commencement de règne, une féerie réalisée, quelque chose qui ne s'était jamais vu et ne se revit jamais plus. Fontainebleau eut les premiers feux, les plus purs de cette étincelante aurore, avant de se voir préférer Saint-Germain, Versailles et Marly. Chaque jour on imaginait quelque divertissement nouveau, chasse, concert ou promenade. On improvisait dans le parc de magnifiques collations. Le soir, le canal s'illuminait. Des barques pavoisées glissaient sur les eaux, et les violons du roi, cachés dans un bosquet, accompagnaient en sourdine les propos galants que les Lauzun et les Guiche murmuraient aux oreilles des filles d'honneur des deux reines. Parfois Benserade ordonnait un ballet. Il savait l'art de flatter, par des allusions mythologiques, l'orgueil enivré du jeune roi. On a gardé le souvenir du *Ballet des Saisons* où le roi figura tour à tour Cérès et le Printemps, tandis que Mlle La Vallière, encore presque inconnue, représentait une nymphe auprès de celui que déjà peut-être elle aimait en secret.

Ce fut au milieu de cette joie que fut préparée la perte de Fouquet. Depuis un an, Colbert prouvait au roi les malversations du surintendant. Pourtant Louis XIV hésitait à sévir. Le 17 août il accepta d'aller à Vaux, magnifique château que Fouquet s'était fait bâtir près de Fontainebleau. La reine-mère Anne d'Autriche l'accompagnait. On représenta pour la première fois *les Fâcheux*, de Molière, avec des intermèdes de danses, de musique et de chant. Le théâtre était dressé dans le jardin, et la décoration était ornée de fontaines véritables et de véritables orangers; il y eut ensuite un feu d'artifice et un bal où l'on dansa jusqu'à trois heures du matin. On dit que le roi fut outré des modernes magnificences de Vaux, qui rivalisaient avec celles des maisons royales. En revenant la nuit dans son carrosse avec la reine, sa mère, il ne put s'empêcher de dire : « Ah! Madame, est-ce que nous ne ferons pas rendre gorge à ces gens-là! » Quinze jours après (le 5 septembre) Fouquet était arrêté à Nantes où le roi était allé faire un court séjour.

A son retour à Fontainebleau, Louis XIV eut le bonheur de voir naître son fils. « Le 1er novembre 1661, à midi moins sept minutes, dit l'abbé de Choisy, la reine accoucha de Monseigneur le Dauphin. Nous nous promenions dans la cour ovale, lorsque le roi ouvrit la fenêtre de sa chambre, et annonça lui-même le bonheur public en nous criant assez haut : « La

« reine est accouchée d'un garçon. » Ce dernier mot, dans la bouche de Louis XIV, prouve que le père était plus ému que le roi. On fut bien aise de cette naissance, il y eut des feux allumés partout, et les comédiens espagnols dansèrent un ballet dans la cour des Fontaines, devant le balcon de la reine-mère, avec des castagnettes, des harpes et des guitares. » Quelques jours après, Monsieur, frère du roi, donna une collation à l'ermitage de Franchard.

« On y alla à cheval, dit Mlle de Montpensier, et habillé de couleur. Quand on fut arrivé, il prit fantaisie de se promener dans les rochers les plus incommodes du monde, et où je crois qu'il n'avait jamais été que des chèvres. Pour moi, je demeurai dans un cabinet du jardin de l'ermite à les regarder monter et descendre. Monsieur et beaucoup de dames demeurèrent avec moi. Le roi envoya quérir les violons et nous manda de l'aller trouver. Il fallut obéir. Quels chemins! Je m'étonne que personne ne se blessa. Je crois que les bonnes prières de l'ermite nous conservèrent tous. Après souper, on s'en retourna en calèche avec quantité de flambeaux. »

Que l'on essaye de se figurer ces fêtes uniques aux derniers beaux jours de l'automne, au moment où les arbres que va dépouiller la première bise se parent, pour un jour, des nuances les plus vives et les plus délicates ; les carrosses sont arrêtés sous les grands chênes de Franchard. Les valets tiennent par la bride les chevaux couverts de harnais brodés; les meutes aboient; les cors sonnent; à travers les rochers que dorent les rayons mourants du soleil, dans les sentiers jaunissants, ducs, comtes, marquis et chevaliers, couverts de rubans et de dentelles, s'empressent autour des filles et dames d'honneur en habit de chasse; les plumes ondulent sur les grands chapeaux de feutre; les rires se mêlent aux cris de frayeur. C'est une de ces parties royales que Van der Meulen aimait à peindre, et dont les plus complaisantes descriptions ne seront jamais que de pâles reflets.

La cour revient l'année suivante à Fontainebleau. Monsieur venait d'épouser la sœur du roi Charles II, Henriette d'Angleterre. Madame porta à Fontainebleau la joie et les plaisirs. Le roi, qui précédemment avait peu souri à l'idée de l'épouser, « connut, en la voyant de plus près, combien il avait été injuste, en ne la trouvant pas la plus belle personne du monde ». Madame à ce moment devient la reine de la cour, et ce moment durera jusqu'à sa mort; elle donne le ton à toute cette jeunesse, dispose de toutes les parties de divertissements : « Elles se faisaient toutes pour elle, dit Mme de Lafayette, et il paraissait que le roi n'avait de plaisir que par celui qu'elle en recevait. C'était dans le milieu de l'été : Madame s'allait baigner tous les jours, elle partait en carrosse à cause de la chaleur, et revenait à cheval suivie de toutes les dames, habillées galamment, avec mille plumes sur leur tête, accompagnées du roi et de la jeunesse de la cour. Après souper, on montait dans des calèches, et, au bruit des violons, on s'allait promener une partie de la nuit autour du canal. » Les intrigues s'ébauchaient parmi ces groupes charmants de personnes jeunes et belles. Le roi fut plus touché qu'un beau-frère ne doit l'être, Madame plus sensible peut-être qu'il n'est permis à une belle-sœur; entre eux deux ce goût vif, précurseur presque assuré de l'amour. Déjà Monsieur s'inquiétait. Mlle de La Vallière parut à point pour détourner le charme.

Elle avait déjà conquis bien des cœurs parmi les courtisans; Fouquet l'avait recherchée et le comte de Brienne s'était fait son chevalier. Le roi, qui l'aimait sans s'être encore déclaré, vit avec peine les attentions de Brienne. Il le fit venir dans le salon de Louis XIII, lui arracha l'aveu de son amour et, en avouant le sien, laissa entendre qu'il ne souffrirait pas de rival. Brienne se le tint pour dit et laissa le champ libre à son maître. L'intrigue se dénoua aux Tuileries quelques mois plus tard.

L'amour d'ailleurs n'occupait pas seul la pensée de Louis XIV. Dès le lendemain de la mort de Mazarin, il avait pris la direction des affaires et parlait en maître à ses sujets et à l'Europe.

A Londres, le baron de Watteville, ambassadeur d'Espagne, avait osé, les armes à la main, disputer le pas au comte d'Estrades, ambassadeur de France.

Louis XIV offensé menaça de déclarer la guerre, et le roi Philippe dut envoyer le comte de Fuentès à Fontainebleau (2 mars 1662) pour jurer, en présence de tous les ministres étrangers, « que les ambassadeurs espagnols ne concourraient plus dorénavant avec ceux de France ».

A Rome, le duc de Créqui, ambassadeur de France, a quelques démêlés avec la garde corse du pape Alexandre VII ; un de ses pages est tué, quelques laquais sont blessés. Louis XIV exige réparation et le Pontife temporise. Le roi déclare qu'il fera assiéger Rome et saisir le Comtat Venaissin. Alexandre dut céder, et le cardinal Chigi fut envoyé à Fontainebleau pour faire au roi des excuses solennelles. Les fêtes de cette réception du légat durèrent dix jours. Louis XIV tenait à reconnaître par sa courtoisie la condescendance d'Alexandre VII.

Après cette cérémonie et pendant quinze ou seize ans Fontainebleau est moins fréquenté. Saint-Germain devient le séjour ordinaire de la cour. On bâtit, ou plutôt on transforme Versailles. Fontainebleau n'est plus qu'une maison de plaisance où le roi apparaît pour quelques semaines en été ou en automne. A partir de 1676 environ, ces voyages deviennent réguliers. Chaque année le roi désigne les seigneurs et les dames autorisés à l'accompagner. C'est une faveur très recherchée. Les lourds carrosses se mettaient en marche, précédés des bagages et du personnel de la maison du roi. « Le roi voyageait toujours en carrosse plein de femmes, dit Saint-Simon. Il fallait être en grand habit, parées et serrées dans leur corps de jupe, danser, veiller, être des fêtes, manger, être gaies et de bonne compagnie, ne paraître craindre ni être incommodées du chaud, du froid, de l'air, de la poussière, et tout cela précisément aux jours et heures marquées, sans déranger d'une minute. » Le trajet dans ces conditions n'était point un plaisir. Jusqu'à la mort de Marie-Thérèse (1683), Mme de Montespan est la reine de ces voyages. En son honneur se donnent les parties de chasse et de pêche aux flambeaux. Pour elle on représente les opéras de Lulli, les comédies de Molière et les tragédies de Racine. Pourtant Mme de Sévigné la blâme de quitter Versailles. « Fontainebleau, écrit-elle (30 juillet 1677), me paraît un lieu périlleux ; il me semble qu'il ne faut point faire changer de place aux vieilles amours non plus qu'aux vieilles gens. La routine fait quelquefois la plus forte raison de leurs attachements ; quand on les dérange, ce n'est plus cela. » L'événement devait lui donner raison.

En 1679, on signe dans le salon Louis XIII le contrat de mariage entre le roi d'Espagne, Charles II, et Marie-Louise d'Orléans, nièce du roi. Il y eut feu d'artifice dans la cour du Cheval blanc. La cour se plaça, pour y assister, dans la galerie d'Ulysse. Après des fêtes qui durèrent une semaine, la jeune princesse quitta le palais. Les adieux eurent lieu dans la forêt. La nouvelle reine était au désespoir, et Louis XIV voyant ses larmes lui dit en l'embrassant : « Je ne pourrais mieux faire pour ma fille ! — Vous pouviez, répondit-elle, quelque chose de plus pour votre nièce. » Elle avait eu l'espoir d'épouser le Dauphin. Dix ans après, elle mourait subitement, empoisonnée, dit-on, par l'ambassadeur d'Autriche. On redoutait son amour pour la France et l'influence qu'elle avait prise sur son royal époux.

Pendant ces années, grandissait l'influence de Mme de Maintenon. Mme de Montespan conservait seulement les apparences de la faveur, sa rivale en possédait déjà toutes les réalités. Chaque année, Fontainebleau voyait revenir la nouvelle favorite plus puissante. Mais sa situation s'affermit surtout en 1683, après la mort de la reine à Chambord. « Pendant le voyage de Fontainebleau (septembre 1683) qui suivit la mort de la reine, dit Mme de Caylus, je vis tant d'agitation dans l'esprit de Mme de Maintenon, que j'ai jugé depuis en la rappelant à ma mémoire qu'elle était causée par une incertitude violente de son état, de ses pensées, de ses craintes et de ses espérances ; en un mot, son cœur n'était pas libre, et son esprit était fort agité. Pour cacher ces divers mouvements et pour justifier les larmes que son domestique et moi lui voyions quelquefois répandre, elle se plaignait de vapeurs et elle allait, disait-elle, chercher à respirer dans la forêt de Fontainebleau avec la seule Mme de

Montchevreuil ; elle y allait même quelquefois à des heures indues. Enfin, les vapeurs passèrent, le calme succéda à l'agitation, et ce fut à la fin de ce même voyage. » Quelques mois après dans la chapelle de Versailles, Louis XIV se liait par un mariage secret avec la veuve de Scarron.

Dès lors Mme de Maintenon est reine de fait et traitée à peu près comme telle à Fontainebleau, comme ailleurs. Louis XIV lui fait disposer un bel appartement, entre la salle des Gardes et la galerie Henri II. Il paraît que l'habitation en était plus somptueuse que commode. « J'ai, à Fontainebleau, écrit la favorite, un très bel appartement, mais sujet au froid l'hiver et au chaud l'été, y ayant une fenêtre de la grandeur des plus grandes arcades, où il n'y a ni volets, ni châssis, ni contrevents, parce que la symétrie en serait choquée. Ma solidité a quelque chose à souffrir, ainsi que ma santé de vivre avec des gens qui ne veulent que paraître et qui se logent comme des divinités. » C'est dans cet appartement que Louis XIV venait passer ses soirées au retour de la chasse, comme il les avait autrefois passées chez Mme de Montespan, monotone tête-à-tête où la reine de la main gauche avait fort à faire pour amuser le roi vieillissant ! C'est là que fut signée, le 22 octobre 1685, la révocation de l'édit de Nantes, qui jetait hors de France un million peut-être de bons Français, dont le seul crime était d'adorer Dieu à leur manière.

Un double deuil vient d'ailleurs attrister les séjours de la cour à Fontainebleau. En 1685, c'est la mort du prince de Conti; en 1686, la mort du grand Condé. « Monsieur le Prince, écrit Mme de Sévigné, avait couru avec une diligence qui lui coûta la vie, de Chantilly à Fontainebleau, quand Mme de Bourbon, sa bru, y tomba malade de la petite vérole. Il fut fort malade, et enfin il a péri par une grande oppression. Il est mort regretté et pleuré amèrement de sa famille et de ses amis. Le roi en a témoigné beaucoup de tristesse, et enfin on sent la douleur de voir sortir du monde un si grand homme, un si grand héros, dont les siècles entiers ne sauront point remplir la place. »

En septembre 1691, la cour fait un séjour à Fontainebleau après la mort de Louvois. La perte de ce fameux ministre avait obligé Louis XIV à un redoublement de travail. « Les personnes qui l'ont vu de plus près seraient surprises de son activité, écrit Mme de Maintenon. Il a plus de conseils que jamais, parce qu'il a plus d'affaires, et donne deux ou trois heures par jour à la chasse. Quand il le peut, il rentre à six heures, et est jusqu'à dix sans cesser de lire, d'écrire ou de dicter. Il congédie souvent les princesses après souper pour expédier quelques courriers. » Louis XIV faisait en conscience son métier de roi.

En novembre 1695, eut lieu à Fontainebleau la réception solennelle de la princesse Adélaïde de Savoie, qui venait d'épouser, à onze ans, le jeune duc de Bourgogne. Louis XIV alla jusqu'à Montargis au-devant d'elle, et le soir même il écrivait à Mme de Maintenon, restée à Fontainebleau, la curieuse lettre qu'on va lire : « Je l'ai considérée de toute manière pour vous mander ce qu'il m'en semble. Elle a la plus belle taille et la meilleure grâce que j'aie jamais vues; habillée à peindre et coiffée de même; des yeux vifs et très beaux, des paupières noires et admirables, le teint fort uni, blanc et rouge comme on peut le désirer, les plus beaux cheveux noirs que l'on puisse voir et en grande quantité. Elle est maigre comme il convient à son âge, la bouche fort vermeille, les lèvres grosses, les dents blanches, longues et très mal rangées, les mains bien faites, mais de la couleur de son âge. Elle parle peu, au moins à ce que j'ai vu, n'est point embarrassée qu'on la regarde, comme une personne qui a vu du monde. Elle fait mal la révérence et d'un air un peu italien. Elle a quelque chose d'une Italienne dans le visage, mais elle plaît, et je l'ai vu dans les yeux de tout le monde. Pour vous parler comme je fais toujours, je la trouve à souhait et serais fâché qu'elle fût plus belle... Nous avons soupé, elle n'a manqué à rien, et est d'une politesse surprenante à toutes choses... L'air est noble et les manières polies et agréables. J'ai plaisir à vous en dire du bien, car je trouve que, sans préoccupation et sans flatterie, je le puis faire et que tout m'y oblige. »

A la réception de cette missive royale, Mme de Maintenon se hâta d'écrire à la duchesse de Savoie, mère de la jeune duchesse de Bourgogne : « Je voudrais qu'il me fût permis d'envoyer à Votre Altesse la lettre que je viens de recevoir du roi. Il n'a pu attendre jusqu'à ce soir à me dire comment il a trouvé la princesse. Il en est charmé, et conclut par tout ce qu'il voit en elle que son éducation n'a point été négligée : il se récrie sur son air, sa grâce, sa politesse, sa retenue, sa modestie... Il n'est pas possible de se tirer de cette entrevue comme elle l'a fait : elle est parfaite en tout, ce qui surprend bien agréablement dans une personne de onze ans... »

Quand Adélaïde de Savoie arriva à Fontainebleau, « toute la cour, dit Saint-Simon, était sur le Fer-à-Cheval, qui faisait un très beau spectacle avec la foule qui était au bas. Le roi menait la princesse qui semblait sortir de sa poche, et la conduisit fort lentement à la tribune un moment, puis au grand appartement de la reine-mère, qui lui était destiné. » On lui présenta la famille royale et les principaux personnages de la cour, et, quelques jours après, on la conduisit à Versailles.

Deux ans après (1697), Fontainebleau vit célébrer le mariage d'Élisabeth-Charlotte d'Orléans, nièce du roi, avec le duc Léopold de Lorraine. Les fêtes de ce mariage, les dernières que donna Louis XIV à Fontainebleau, furent d'une magnificence extraordinaire, mais attristées par les larmes de la jeune mariée, « qui après la cérémonie, dit Saint-Simon, ne parut plus le reste du jour, qu'elle passa à pleurer chez elle, au grand scandale des Lorrains. »

Enfin, le 9 novembre 1700 arrive à Fontainebleau le courrier qui apportait la nouvelle du plus grand événement du règne. Le roi d'Espagne, Charles II, venait de mourir, désignant pour son successeur le duc d'Anjou, second fils du Dauphin. Louis XIV envoya chercher le Dauphin, qui était à la chasse, et lorsqu'il fut venu il tint, avec ce prince et ses ministres, un conseil, dont les résolutions furent tenues secrètes. Le marquis de Castel dos Rios, ambassadeur d'Espagne, eut une audience du roi, dans laquelle il lui donna avis de la mort de son maître. Le Dauphin et le marquis de Torcy furent présents à cette audience, où le testament du roi d'Espagne fut lu. L'ambassadeur se jeta aux pieds du roi, et lui dit : « Sire, Votre Majesté voit à ses pieds un homme qui a l'honneur de lui offrir vingt-deux couronnes... Me sera-t-il permis de reconnaître aujourd'hui Mgr le duc d'Anjou pour mon maître ? » Le roi lui répondit : « Je verrai ? — Mais, Sire, reprit l'ambassadeur, ce prince est reconnu des Espagnols pour leur roi, m'ôterez-vous la gloire d'être le premier à lui rendre mes devoirs ? » Le roi lui dit : « Monsieur, vivez en paix, l'on vous rendra toujours toute justice qui vous sera due. » L'ambassadeur, en sortant, dit à quelques seigneurs : « Il ne faut plus citer désormais la fierté espagnole, puisque le roi de France paye d'un : *Je verrai* un présent comme celui que je viens de lui offrir. » Le roi, d'ailleurs, hésitait à accepter le testament; il reculait devant une lutte certaine contre l'Europe coalisée. Le Dauphin, quittant sa réserve habituelle, soutint avec énergie les droits de son fils. Mme de Maintenon se rangea de son côté. Six jours après, à Versailles, le duc d'Anjou était proclamé roi d'Espagne. Deux mois plus tard, il se dirigeait vers son royaume. Fontainebleau lui avait laissé de chers souvenirs dont on a un curieux témoignage, car, en 1701, il chargea un gentilhomme qu'il envoyait en France, de faire, en mémoire de lui, le tour du grand canal de Henri IV.

Les voyages annuels à Fontainebleau n'offrent plus d'intérêt jusqu'à la mort de Louis XIV. On y reçut plusieurs fois la visite de la reine détrônée d'Angleterre, veuve de Jacques II. En 1702, un incendie détruisit le pavillon des Armes et le clocher de la chapelle. Le dernier voyage de Louis XIV eut lieu en 1713.

Il est facile, grâce à Saint-Simon, de reconstituer une journée de ce prince à Fontainebleau. A huit heures, on éveillait le roi, qui couchait dans la pièce que l'on appelle aujourd'hui la salle du Trône. Il s'habillait, et ses dévotions achevées, en présence des seigneurs « ayant leurs entrées », recevait sa famille et donnait l'ordre pour la journée. Pendant ce temps, la cour attendait dans la salle du Conseil et dans le salon de Louis XIII. Vers neuf heures, le roi allait à la messe en passant par le salon de Saint-Louis et la petite galerie de François Ier. A l'aller et au retour de la messe, chacun lui parlait, pourvu cependant qu'on eût averti le capitaine des gardes si on n'était pas d'un rang distingué. Après la messe, avait lieu le conseil, qui se prolongeait souvent fort tard. Quand les affaires étaient plus vite expédiées, le roi se rendait alors chez Mme de Maintenon jusqu'au dîner, ordinairement fixé à une heure, mais qui pouvait être avancé suivant les chasses ou les promenades projetées pour l'après-midi. A Fontainebleau, les chasses au cerf avaient lieu plusieurs fois la semaine. Les promenades, le plus souvent autour du canal, étaient un spectacle magnifique, « surtout pour ceux, dit Saint-Simon, qui étaient de l'autre côté et qui voyaient ce tableau se réfléchir dans l'eau. Le roi était accompagné de toute sa cour, à pied, à cheval et en calèche... Il menait quelquefois les dames dans la forêt, et y faisait porter la collation ». Vers sept heures on rentrait; la cour se concentrait dans les appartements qui forment aujourd'hui la salle du Conseil, les salons de Louis XIII, de Saint-Louis et des Aides de camp, la salle des Gardes. Les tables de jeu étaient installées. Le roi circulait en causant dans l'appartement, puis retournait chez Mme de Maintenon, où se tenait un petit conseil particulier avec un ou deux ministres jusqu'au souper, à dix heures. Le roi soupait avec les fils et les filles de France et les dames du premier rang[1]. Jamais d'hommes, sinon debout, autour de la table. Tout le monde en grande toilette. Après souper, le roi entrait dans sa chambre,

BAPTISTÈRE DE LOUIS XIII

se tenait quelques moments debout, environné de toute sa cour, le dos au balustre du pied de son lit, puis, avec des révérences aux dames, passait dans la salle du Conseil. Il y demeurait environ une heure

1. La table était le plus souvent dressée, ou dans le salon de François Ier, ou dans le salon actuel des Aides de camp. Dans les grandes solennités, les repas avaient lieu dans la salle de la Belle cheminée ou dans la galerie de Diane.

avec sa famille, lui dans un fauteuil, son frère dans un autre, le Dauphin debout ou sur un tabouret. Les dames des princesses et les dames d'honneur entraient et formaient le cercle, assises tant qu'il y avait des sièges, ou par terre sans carreaux, mais point d'hommes que les princes. Après une conversation indifférente, il allait donner à manger à ses chiens, rentrait dans sa chambre, donnait l'ordre et congédiait le gros de la cour, se déshabillait devant les grandes et petites entrées. Vers minuit et demi ou une heure il pouvait dormir.

Louis XIV n'a laissé que peu de traces à Fontainebleau. Cependant on lui doit le dessin actuel du grand parterre et l'appartement de Mme de Maintenon, qui, d'ailleurs, a singulièrement obstrué le dégagement de la salle de bal. C'est lui aussi qui a fait construire le gros pavillon au bout de l'aile des Reines-mères ; mais c'est une modification dont il n'y a pas lieu de le louer.

LOUIS XV ET LOUIS XVI

Louis XV. — Le Régent négligea complètement Fontainebleau pour le Palais-Royal et pour Saint-Cloud. Cependant, tel était le renom de ce palais, que le czar Pierre de Russie, en 1717, voulut y être conduit et le visiter. « Le 30 mai, dit Duclos, dans ses *Mémoires secrets*, il alla dîner à Petitbourg, chez le duc d'Antin, qui le conduisit le même jour à Fontainebleau, où le comte de Toulouse lui donna, le lendemain, le plai sir de la chasse. Il ne voulut, au retour, manger qu'avec ses gens dans l'île de l'Étang. Le comte de Toulouse et le duc d'Antin durent savoir gré au czar de les en avoir exclus. Il fallut porter ce prince et ses gens dans des carrosses pour revenir à Petit-bourg, où ils arrivèrent dans un état fort dégoûtant. »

C'est la seule anecdote qui vaille la peine d'être recueillie jusqu'en 1725, date où Louis XV épousa, dans la chapelle de Fontainebleau, la princesse Marie Leczinska, fille de Stanislas, roi détrôné de Pologne.

Les fêtes de ce mariage peu brillant n'eurent pas l'éclat ordinaire des noces royales. Mais on remarqua la bonté de la nouvelle reine qui, après la bénédiction nuptiale, distribua aux personnes de la cour les présents placés par le roi dans la corbeille.

A dater de ce mariage, Fontainebleau, sous Louis XV comme sous Louis XIV, devient le but d'un voyage annuel de la cour. Louis XV se plaît beaucoup dans ce palais, moins solennel que Versailles. Il y veut ses aises comme partout ailleurs, et par malheur ce goût l'entraîne à détruire l'admirable galerie d'Ulysse, remplacée par *l'aile neuve* qui fait un si fâcheux effet dans la cour du Cheval blanc. En outre, se trouvant à l'étroit dans les pièces réservées de tous temps au roi et à la reine, il fait doubler sur le jardin de Diane le bâtiment où se trouve la galerie de François Ier, autrefois éclairée par des fenêtres sur ses deux façades, et se ménage des appartements dans cette construction nouvelle. Enfin il fait décorer la salle du Conseil par Boucher et Vanloo, et ce décor est si gracieux qu'il faut bien lui pardonner son manque d'harmonie avec le caractère des autres salons du palais.

Les très nombreux séjours de Louis XV à Fontainebleau offrent peu d'événements mémorables. La chronique galante est à peu près muette. Ni Mlle de Pompadour, ni Mme du Barry n'ont laissé de traces dans ce palais témoin de tant d'intrigues amoureuses. La chronique politique ne nous rappelle que la remise du chapeau de cardinal à l'ancien précepteur du roi, l'abbé Fleury, évêque de Fréjus, depuis premier ministre (1726); la signature des articles préliminaires (1762) du traité de paix entre la France et l'Angleterre, ratifié à Paris en 1763, et qui mettait fin à la guerre de Sept ans; enfin la mort du dauphin, fils unique de Louis XV (1765).

Ce prince estimable succombait aux suites d'une maladie de poitrine. Le roi fut vivement frappé de sa mort. Quand on lui annonça pour la première fois son petit-fils sous le nom de *Monsieur le Dauphin*, « Pauvre France ! s'écria-t-il, un roi de cinquante-cinq ans et un Dauphin de onze. »

Enfin des fêtes eurent lieu à Fontainebleau : en 1768, à l'occasion du voyage en France de Christian VII, roi de Danemark ; en 1771 et en 1773, à l'occasion du mariage du comte de Provence et du comte d'Artois avec les princesses de Savoie.

Lorsque Louis XV habitait Fontainebleau il y avait souvent représentation d'opéra ou de comédie dans la salle de la Belle Cheminée aménagée par ce roi en salle de spectacle. Ces représentations amenèrent à Fontainebleau les deux plus grands écrivains du siècle.

C'est d'abord Voltaire, qui, de 1740 à 1750, vint parfois surveiller la représentation de ses ballets et de ses tragédies. Puis J.-J. Rousseau parut à Fontainebleau en 1752, à l'occasion de la première représentation de son opéra, *le Devin du village*. Ce fut pour lui un sujet de poignantes émotions dont le récit se trouve dans les *Confessions*.

Rousseau arriva au palais pour assister à la dernière répétition de son œuvre, et il en fut assez satisfait. Le soir, Rousseau se rend au théâtre dans la loge qu'on lui a réservée. Il n'avait pas jugé à propos de quitter son accoutrement ordinaire : c'est-à-dire qu'il était en habit « simple et négligé, mais non crasseux ni malpropre » ; et qu'il portait sa barbe ; parce que « c'est la nature qui nous la donne, et que, selon les temps et les modes, elle est quelquefois un ornement ». Enfin la représentation commence. « La pièce fut très mal jouée, quant aux acteurs, mais bien chantée et bien exécutée pour la musique. Dès la première scène, qui véritablement est d'une naïveté touchante, j'entendis s'élever dans les loges un murmure de surprise et d'attendrissement jusqu'alors inouï dans ce genre de pièces. La fermentation croissante alla bientôt au point d'être sensible dans toute l'assemblée. On ne claque point devant le roi, cela fait qu'on entendit tout; la pièce et l'auteur y gagnèrent. J'entendais autour de moi un chuchotement de femmes qui me semblaient belles comme des anges et qui s'entredisaient à demi-voix : « Cela est charmant, cela est « ravissant; il n'y a pas un son là qui ne parte du « cœur! » Le plaisir de donner de l'émotion à tant d'aimables personnes m'émut moi-même jusqu'aux larmes. J'ai vu des pièces exciter de plus vifs transports d'admiration, mais jamais une ivresse aussi pleine, aussi douce, aussi touchante, régner dans tout un spectacle, et surtout à la cour, un jour de première représentation. Ceux qui ont vu celle-là doivent s'en souvenir; car l'effet en fut unique. »

Le lendemain, on devait présenter Jean-Jacques au roi. Mais la peur le prit et il s'enfuit sans crier gare, perdant ainsi la pension qui lui était promise. Car le roi avait beaucoup goûté le *Devin*, et depuis la représentation ne cessait d'en fredonner les airs « avec la voix la plus fausse de son royaume ».

Louis XVI. — Sous Louis XVI se perpétue la tradition des voyages annuels à Fontainebleau. Marie-Antoinette n'aurait garde d'y manquer. Elle aime beaucoup le vieux palais des rois de France et la forêt immense qui l'environne. En 1773, étant dauphine, elle assistait à l'une des chasses de Louis XV et secourut la famille d'un pauvre vigneron blessé par un sanglier qui avait franchi la haie d'un jardin où il travaillait. Devenue reine, Marie-Antoinette fit transformer son appartement par l'architecte Rousseau et se plut à y organiser des réunions d'où l'étiquette était bannie. On vit pour la première fois (qu'aurait dit Louis XIV?) des seigneurs, qui n'étaient pas du sang royal, admis à la table royale! Dans le parc, sous les ombrages qui entourent le canal, des pastorales improvisées rappelaient les fêtes champêtres de Rambouillet et de Trianon.

Pendant ce temps le roi chassait, s'occupait de serrurerie. Il avait installé un atelier dans les combles au-dessus de son appartement. Une chose le chagrinait toutefois : le peu d'empressement de la cour à le suivre à Fontainebleau. Chaque année le cortège s'éclaircissait, et le roi s'offensait de cette négligence. Il obligea les titulaires des grandes charges à l'accompagner, sauf excuses légitimes, dans tous ses déplacements. Cette rigueur causa des murmures et, après 1786, on renonça aux voyages à Fontainebleau.

Pendant ce séjour de 1786, le dernier de l'ancien régime, Louis XVI ratifia le traité de commerce et de navigation entre la France et l'Angleterre, qui effaçait les dernières traces de la guerre pour l'indépendance des États-Unis. Puis le roi dit à Fontainebleau un adieu qui devait être éternel, quoiqu'en 1791 l'Assemblée nationale ait rangé ce palais parmi les résidences réservées au domaine royal.

FONTAINEBLEAU AU XIXe SIÈCLE

La Révolution épargna Fontainebleau, et Napoléon devenu empereur trouva ce palais délabré, mais intact. Il en affecta temporairement l'aile neuve à l'École militaire peu après transférée à Saint-Cyr, fit faire aux bâtiments toutes les grosses réparations nécessaires après vingt ans d'abandon et remeubla richement, mais dans le triste goût du temps, les grands et petits appartements.

Pendant tout le règne, la cour impériale fit presque chaque année d'assez longs séjours à Fontainebleau. L'empereur occupait le premier étage du bâtiment adossé à la galerie de François Ier ; l'impératrice Joséphine, le rez-de-chaussée du même bâtiment. Marie-Louise reprit possession de l'appartement des reines. A son intention, Napoléon fit planter le jardin anglais tout parsemé de pins, qui devaient rappeler à l'impératrice les forêts de l'Autriche et du Tyrol.

Trois des principaux événements de l'Empire s'accomplirent à Fontainebleau : les deux voyages du pape et la première abdication.

Le premier voyage, tout triomphal, eut lieu en novembre 1804. Pie VII venait couronner celui qui s'intitulait alors « son dévot fils ». Napoléon attendit le Pape à la Croix de Saint-Hérem, le conduisit dans sa voiture jusqu'au palais et l'installa dans l'ancien appartement des Reines-mères Le Pontife et l'empereur se firent ensuite réciproquement des visites officielles et, après des cérémonies qui durèrent trois

BOUDOIR DE MARIE-ANTOINETTE

jours, se rendirent à Paris où le couronnement eut lieu le 2 décembre 1804.

Le 20 juin 1812, Pie VII revient, mais en prisonnier. Depuis 1809, Napoléon a supprimé de fait le pouvoir temporel, et relégué le Pape à Savone, où il le garde à vue et met tout en œuvre pour faire légitimer son coup d'État par une renonciation solennelle et volontaire de la victime à ses droits. Pie VII résiste. Soudain l'empereur fait conduire son prisonnier à Fontainebleau. Les négociations reprirent et durèrent plus de six mois sans aboutir. « Pie VII, dit Henri Martin, était dans l'angoisse lorsque Napoléon arriva brusquement à Fontainebleau le 10 janvier 1813, entra chez le Pape sans lui laisser le temps de se reconnaître, et l'embrassa en l'appelant son père. Pie VII, tout étourdi et tout ému, ne repoussa pas ces singulières démonstrations. Il y eut entre eux de longs tête-à-tête sur lesquels on a débité beaucoup de fables[1]; on ne sait pas bien ce qui s'y passa. Napoléon se refit très catholique devant le Saint-Père, lui promettant la restauration de l'Église dans les pays protestants soumis à l'empire, Hollande, Allemagne du Nord. » Bref, il obtint la renonciation presque formelle du Pape au pouvoir temporel, et un concordat rédigé dans ce sens fut signé le 25 janvier. Un mois plus tard, on entraîna le Pape à se rétracter par une lettre à l'empereur. Napoléon tint cette lettre secrète et en empêcha la publication par des menaces terribles. Néanmoins, après un an de lutte, il dut rendre la liberté à son prisonnier, qui quitta Fontainebleau le 23 janvier

1. On a été jusqu'à dire que Napoléon se serait livré à des voies de fait sur son prisonnier.

1814, en donnant, du haut du Fer-à-Cheval, sa bénédiction au peuple. Son séjour au palais avait duré dix-neuf mois.

L'empire à ce moment touchait à sa fin. Le 31 mars 1814, Napoléon arrivait à Fontainebleau, le jour même où l'empereur de Russie et le roi de Prusse entraient à Paris. Napoléon aurait voulu tenter un coup de main sur sa capitale, mais ses généraux s'y opposaient. Le mot d'abdication avait été prononcé ; on parlait déjà du rétablissement des Bourbons ; l'entourage de l'empereur, le sentant perdu, songeait à le sacrifier pour sauvegarder les droits de son fils. On espérait rallier le czar à l'idée de proclamer le roi de Rome empereur, avec Marie-Louise comme régente.

Tandis qu'on essayait de faire partager ces vues à Napoléon, le Sénat impérial prononçait sa déchéance définitive. Il fallait se hâter, si l'on voulait que la proposition d'une régence fût admise seulement à la discussion par les souverains alliés. Napoléon résistait ; il avait confiance en ses soldats qui l'acclamaient encore chaque fois qu'il les passait en revue ; enfin, sentant grandir l'opposition de son état-major, il se décide à une abdication en faveur de son fils. Il envoie M. de Caulaincourt avec les maréchaux Ney et Macdonald pour soutenir cette proposition auprès du czar Alexandre. Mais le czar la rejette, et les trois envoyés reviennent auprès de Napoléon. Tout est fini cette fois, à moins que Napoléon ne veuille tenter une lutte d'aventurier en se retirant derrière la Loire. Il se résigne à l'abdication, et le 5 au soir il signe sur un guéridon de son cabinet la déclaration suivante : « Les puissances alliées ayant déclaré que l'empereur Napoléon était le seul obstacle au rétablissement de la paix en Europe, l'empereur, fidèle à son serment, déclare qu'il renonce pour lui et ses successeurs au trône de France et d'Italie, et qu'il n'est aucun sacrifice personnel, même celui de sa vie, qu'il ne soit prêt à faire aux intérêts de la France. » Le 11 avril au soir Napoléon tente de s'empoisonner en avalant de l'opium mêlé à de l'eau, mais de violents vomissements le sauvent, et il se décide à attendre encore les événements.

Cependant ses officiers généraux l'abandonnaient un à un. C'était chaque jour un nouveau départ. « L'un, dit Thiers, quittait Fontainebleau pour raison de santé, l'autre pour raison de famille ou d'affaires ; tous promettaient de revenir, aucun n'y songeait. Napoléon feignait d'entrer dans les motifs de chacun, serrait affectueusement la main des partants ; car il savait que c'étaient des adieux définitifs qu'il recevait. Peu à peu, le palais de Fontainebleau était devenu désert. Dans ses cours silencieuses on avait quelquefois encore l'oreille frappée par des bruits de voiture, on écoutait, et c'étaient des voitures qui s'en allaient. Cette longue agonie devait finir. Le 20 au matin, Napoléon se décida à quitter Fontainebleau. Le bataillon de sa garde destiné à le suivre à l'île d'Elbe était déjà en route. La garde elle-même était campée à Fontainebleau. Il voulut lui adresser ses adieux. Il la fit ranger en cercle autour de lui, dans la cour du château, puis, en présence de ses vieux soldats profondément émus, il prononça les paroles suivantes : « Soldats, vous mes « vieux compagnons d'armes que j'ai toujours trouvés « sur le chemin de l'honneur, il faut enfin nous quitter. « J'aurais pu rester plus longtemps au milieu de vous, « mais il aurait fallu prolonger une lutte cruelle, « ajouter peut-être la guerre civile à la guerre étran- « gère, et je n'ai pu me résoudre à déchirer plus long- « temps le sein de la France. Jouissez du repos que « vous avez si justement acquis, et soyez heureux. « Quant à moi, ne me plaignez pas. Il me reste une « mission, et c'est pour elle que je consens à vivre, « c'est de raconter à la postérité les grandes choses « que nous avons faites ensemble. Je voudrais vous « serrer tous dans mes bras, mais laissez-moi em- « brasser ce drapeau qui vous représente... » Alors, attirant à lui le général Petit, qui portait le drapeau de la vieille garde, il pressa sur sa poitrine le drapeau et le général, au milieu des cris et des larmes des assistants, puis il se jeta dans le fond de sa voiture, les yeux humides, et ayant attendri les commissaires eux-mêmes, chargés de l'accompagner. »

La Restauration n'a pas laissé de souvenirs à Fontainebleau. On dit que Louis XVIII, visitant ce palais en 1816, en admira les somptueux aménagements laissés par l'Empire et dit au comte d'Artois : « Nous avons eu, mon frère, un bon fermier. » Il était venu à Fontainebleau pour recevoir la princesse Caroline de Naples, fiancée au duc de Berri, son petit-neveu, et, pendant ce séjour, ordonna la restauration de la galerie de Diane qu'il data de la vingt-huitième année de son règne.

Charles X ne fut attiré à Fontainebleau que par la beauté des chasses. Il y arrivait à l'improviste, presque sans suite et pour quelques jours seulement. La duchesse d'Angoulême, fille de Louis XVI, nièce et bru de Charles X, entrait dans la cour du Cheval blanc, le 30 juillet 1830, lorsqu'elle apprit le succès de la révolution qui précipitait du trône la branche aînée des Bourbons. Elle partit aussitôt pour l'exil où la rejoignirent bientôt les autres membres de sa famille

Louis-Philippe aima beaucoup Fontainebleau où il fit avec ses enfants de nombreux séjours l'été. Il ordonna de nombreuses réparations qui ne sont pas toutes heureuses : nous aurons bientôt l'occasion d'en parler. C'est à Fontainebleau qu'il voulut recevoir la princesse Hélène de Mecklembourg, fiancée au duc d'Orléans. Le mariage civil fut célébré dans la galerie Henri II ; le mariage catholique dans la chapelle de la Trinité, et le mariage protestant dans la salle qui s'étend sous la galerie Henri II. Il y eut un grand repas dans la galerie de Diane, avant la retraite des mariés dans leur appartement qui avait été aménagé dans le gros pavillon qui domine l'étang. Les fêtes durèrent du 29 mai au 3 juin 1837. Des promenades furent organisées dans la forêt. Mlle Mars joua *les Fausses Confidences*, et Duprez chanta *Guillaume Tell*. Il y eut une grande revue des troupes campées aux environs de la ville ; enfin cette cérémonie fit revivre un moment les splendeurs de l'ancien régime.

La cour de Napoléon III a souvent visité Fontainebleau. Cette résidence partageait avec Compiègne la faveur d'être choisie pour les villégiatures d'automne. On y donna des fêtes nombreuses et brillantes, et l'on construisit la jolie salle de spectacle située à l'extrémité de l'aile neuve. Mais la politique étant bannie de ce séjour réservé au plaisir, il ne s'y passa de 1852 à 1870 aucun événement digne d'être signalé.

Depuis la chute de l'Empire, Fontainebleau est devenu un musée national. Cependant M. le président Carnot y a fait dans l'été de 1888 un séjour de deux mois, dans les appartements du premier étage de l'aile neuve, aménagés avec infiniment de goût par le conservateur du palais M. Carrière. Fontainebleau restera sans doute une solitude. Mais cette solitude n'est-elle pas suffisamment peuplée par tant de souvenirs ?

DESCRIPTION DU PALAIS

Avant de visiter le palais de Fontainebleau, tel qu'il s'offre à nous après trois siècles et demi d'existence, essayons de nous le représenter tel qu'il était à la mort de Henri IV, en 1610, c'est-à-dire à son plus haut degré de splendeur, à une époque où il avait subi déjà bien des changements, mais des changements qui n'avaient en rien modifié les grandes lignes de son plan et détruit l'harmonie de son aspect.

A cette époque, la *cour du Cheval blanc* était complètement fermée. A la place de la grille, parallèlement à la façade principale, s'étendait un corps de logis semblable à l'*aile des Ministres*, encore intacte, et dont le pavillon central faisant face au grand perron d'honneur formait la principale entrée du palais. Sur l'emplacement de l'*aile neuve*, on admirait la *galerie d'Ulysse*, dont les fenêtres encadrées de colonnettes et surmontées chacune d'un fronton, formaient une ordonnance en rapport avec celle du principal corps de logis. Sur le *jardin des Pins*, ou *jardin anglais*, cette galerie présentait une façade à contreforts, avec un rez-de-chaussée aveugle et un premier étage ou les croisées alternaient avec des mascarons remplis par la salamandre royale. Au fond de la cour, devant la façade principale, courait un fossé d'eau vive avec deux ponts-levis. Le perron d'honneur, œuvre de Philibert

SALLE DU CONSEIL

Delorme, et dont la descente était supportée par des arcades à jour de hauteur décroissante, n'avait pas la lourdeur du célèbre *Fer à cheval*, bâti sous Louis XIII. Enfin l'on ne voyait dans cette cour ni l'ignoble bâtisse du Jeu de paume, ni les trois fenêtres en demi-lune qui déshonorent la façade principale sous prétexte d'éclairer des couloirs, le long de la chapelle de la Trinité.

Dans la *cour de la Fontaine*, au lieu du gros logis à mansardes qui termine aujourd'hui l'appartement des Reines-mères, on voyait un élégant pavillon avec terrasse avançant sur l'étang; de même l'Ulysse de Petitot a remplacé une jolie fontaine à dôme abritant une statue de Diane qui lançait dans tous les sens ses eaux jaillissantes. Les autres parties de cette cour n'ont subi que les injures du temps.

Il en est de même pour la *cour ovale* et pour la *cour des Offices*, restées telles qu'elles étaient à la mort de Henri IV.

La *Porte dorée* méritait alors son nom par les vives peintures qui ornaient ses voûtes à tous les étages, avant qu'on ne les eût fermées sous Louis XIV par des châssis vitrés.

Enfin, sur le *jardin de Diane*, les façades que Louis XV a fait gratter si amoureusement (sauf celle de la *galerie des Cerfs*) étaient parées d'élégantes lucarnes et de fenêtres à meneaux entre pilastres sculptés dont l'aspect rappelait avec plus de simplicité celui de la *galerie de François Ier*, vue de la *cour de la Fontaine.*

Imaginons maintenant sur tous les toits des plomberies découpées et dorées ; sur tous les pignons, des épis ou des girouettes fleuronnées; dans toutes les niches, des statues de marbre ou de bronze, et nous reverrons un instant le Fontainebleau de François Ier et de Henri IV.

En somme, ce palais irrégulier à dessein dans son ordonnance et dans son plan, né d'un caprice royal servi par des artistes ingénieux et inspirés, valait surtout par la fantaisie et la grâce, par l'élégance et l'imprévu des silhouettes, par l'originalité des détails. Il semble que depuis Louis XIII, et surtout depuis Louis XV, on ait pris justement à tâche d'empâter ces silhouettes, de substituer la régularité à la fantaisie, de supprimer les détails trop saillants et trop nombreux au goût des Gabriel, des Percier et des Fontaine. Et cependant, même à l'extérieur, ce palais mutilé demeure une des œuvres les plus curieuses de la Renaissance française, et malgré deux siècles de transformations et de restaurations maladroites, il y reste encore bien des merveilles à admirer.

Nous pouvons maintenant pénétrer dans le palais actuel. Voici la *cour du Cheval blanc* ou *des Adieux* (152 mètres de longueur sur 112 de largeur). Quatre pavillons à toits aigus et à deux étages, reliés entre eux par des bâtiments à un étage seulement, forment la façade principale. Ces pavillons, à partir du *Jeu de paume*, s'appellent *pavillon de l'Horloge*, *pavillon des Armes*[1], *pavillon des Peintures*[2], et *pavillon des Poêles*[3] ou des *Reines-mères*. Toute cette façade était primitivement en grès et en briques ; sous Charles IX, on fit revêtir de pierre et orner de pilastres les pavillons *des Peintures* et *des Poêles*. Au centre se développe *l'escalier du Fer à cheval*, sans proportion avec la petite porte qui le surmonte et trop grandiose pour précéder ces constructions élancées. A gauche de la façade s'étend *l'aile des Ministres*, d'aspect très élégant, malgré sa simplicité ; à droite, *l'aile neuve*, caserne banale dont les deux étages, à peine aussi hauts cependant que l'étage unique de la façade centrale, écrasent cette façade et la font paraître trop basse malgré ses dimensions réellement imposantes. Grâce à cette affreuse aile neuve, aux pans des murs du Jeu de paume, aux fenêtres en demi-lunes de la chapelle, à d'énormes becs de gaz en forme de torchères, on est d'abord déçu en entrant dans la *cour du Cheval blanc*, et il faut un véritable effort d'esprit pour en retrouver les réelles beautés.

La *cour de la Fontaine* a subi moins d'outrages. Tournons le dos au massif pavillon dont le rez-de-chaussée abrite le musée chinois, et admirons cet élé-

1. Le maréchal de Biron y fut enfermé. François Ier y avait réuni une belle collection d'armures.

2. On y voyait les tableaux des maîtres italiens réunis par François Ier.

3. François Ier y avait fait placer des poêles venus d'Allemagne.

gant escalier à double rampe accoté à l'ancienne salle du spectacle, ces fenêtres de proportions si pures, ces pilastres aux chapiteaux variés, ces sveltes lucarnes, ces cheminées qui se découpent si finement sur les toits élancés, cette belle terrasse dont les nobles arcades portent le chiffre de Henri IV[1]. Serlio donna, dit-on, les plans de cette cour. Nulle part à Fontainebleau on ne sent mieux l'influence de l'art antique interprété par les artistes de la Renaissance italienne.

La porte Dorée n'a pas trop souffert. Cependant on a fermé par des châssis vitrés les belles loges cintrées qui s'ouvrent au premier et au second étage, et dont les voûtes ornées de caissons dorés justifiaient le nom qu'elle a reçu. Le bâtiment a perdu ainsi tout son relief; mais il lui reste ses fines proportions, ses toits aigus et les peintures de l'arcade du rez-de-chaussée, dues au Primatice, à moins que ce ne soit au Rosso. Au reste, sous les lourdes restaurations de Picot, on a peine à reconnaître l'œuvre de l'un où l'autre maître. Indiquons cependant sous la voussure de cette arcade, du côté de la *cour ovale*, une composition représentant *les Titans foudroyés par Jupiter*. Par un effet de perspective trop vanté mais curieux cependant, l'une des

1. Henri IV n'a fait que transformer cette terrasse. Avant lui elle était à jour; il en fit murer les arcades et transforma en appartements la galerie ouverte qui s'étendait devant les appartements situés sous la galerie de François Ier. Voir les dessins de du Cerceau : *Les plus excellens bâtimens de France* (1579).

figures paraît tour à tour sur le ventre ou jetée sur le dos, suivant la place d'où on l'examine.

La *cour ovale*, où nous entrons maintenant, n'a point été transformée depuis Henri IV. Jusqu'à ce prince, elle était entièrement fermée. Vers 1599, on détruisit les bâtiments de l'Ouest, une partie de ceux du Nord, et on les remplaça par le *pavillon des Chasses* et par le *Baptistère* ou *porte Dauphine*. C'est à tort que l'on attribue à Henri IV la construction de la galerie à colonnes qui s'étend au rez-de-chaussée, presque tout autour de cette cour. Elle existait déjà en 1579 comme le témoignent les dessins d'Androuet du Cerceau en son livre : *Des plus excellens bâtimens de France*. Trois morceaux d'architecture frappent surtout les regards. La façade grandiose de la galerie Henri II, avec ses deux rangs de vastes arcades superposées; le portique qui lui fait face avec ses colonnes accouplées aux chapiteaux étrangement variés; enfin le *Baptistère* dont le dôme capricieux n'est pas sans jurer avec l'ordre sévère du rez-de-chaussée. Le *Baptistère* dans son ensemble, et quoiqu'il ait dû être édifié à deux reprises, nous paraît appartenir à l'art franco-italien de la fin du seizième siècle ou des premières années du dix-septième. A cette époque, Vignole est passé dieu. N'était l'époque certaine de sa construction, le *Baptistère* semblerait avoir été exécuté d'après ses dessins. Quant aux deux façades dont nous avons parlé plus haut, il est absolument impossible d'en nommer les auteurs ; cependant un je ne sais quoi plein de fantaisie et d'originalité porterait à en faire honneur à des Français que l'Italie n'avait pas encore tout à fait conquis.

Ne quittons pas la *cour ovale* sans signaler, au bas de l'escalier de François Ier, une jolie porte dont le couronnement en gresserie s'appuie sur une Minerve et sur une Junon. Ces sculptures, rongées par l'humidité, sont pourtant de la meilleure Renaissance.

De la *cour ovale* on peut, par le vestibule de la galerie des Cerfs, se rendre dans le *jardin de Diane*. Nous avons déjà dit combien Louis XV avait dénaturé la plupart des constructions qui entourent ce jardin. En outre il a détruit la *galerie des Chevreuils* dont la façade était parallèle à celle de la *galerie des Cerfs*, et l'orangerie qui reliait ces galeries et fermait le jardin. Il est étonnant que l'on ait respecté l'ordonnance de la *galerie des Cerfs* et du pavillon qui la termine. les statues, les bustes et les lucarnes sculptées qui les décorent, et surtout au bas du pavillon de l'Horloge, une curieuse porte en gresserie dont les sculptures figurent deux cariatides de style égyptien, qui soutiennent trois groupes d'enfants d'une rare élégance.

Nous pouvons maintenant pénétrer dans les appartements du palais. On entre, sous l'escalier du Fer à cheval, dans le vestibule de la *chapelle de la Sainte-Trinité*. La décoration de cette chapelle, exécutée sous Henri IV et Louis XIII, est surchargée d'ornements, et cependant mesquine, comme celle de tous les édifices religieux élevés à cette époque. Le maître-autel, très lourd et très riche, est celui que l'on rencontre dans toutes les églises des premières années du dix-septième siècle, mais il est surmonté de quatre anges en bronze d'un grand style, attribués à Germain Pilon, et le panneau central est occupé par une assez bonne *Descente de Croix*, de Jean Dubois. La voûte, dont l'effet est diminué par la nudité des murs latéraux, est ornée des belles peintures de Fréminet, divisées en cinq grandes compositions, parmi lesquelles il faut surtout signaler celle qui représente la *Chute des Anges*. Quatre ovales encadrant les *Quatre éléments* relient heureusement les compartiments principaux de la voûte. Nous aimons moins les tableaux et les grisailles accessoires qui figurent les *Rois juifs*, les *Patriarches* et les *Prophètes*. L'artiste a peiné pour se guinder au style puissant de Michel-Ange. Signalons encore les boiseries ajourées des chapelles et les sculptures en haut-relief qui, dans la tribune royale, encadrent au-dessus des portes les écussons de Henri IV et de Louis XIII.

Appartements de Napoléon Ier. Un horrible escalier du temps de Louis-Philippe conduit à ces appartements ménagés dans les constructions que Louis XV fit bâtir le long de la galerie de François Ier. Ils sont insignifiants pour la plupart, et garnis de boiseries

LA COUR DE LA FONTAINE, VUE DE L'ÉTANG

blanches sans aucun caractère. Cependant la première pièce (antichambre des huissiers) a gardé de jolis *dessus de porte*, par Boucher, et une gracieuse horloge Louis XVI en forme de char conduit par l'Amour; la seconde (cabinet des secrétaires), quelques bergeries d'A. Vanloo. La *salle de Bains* est une merveille. Des amours, des oiseaux jouant et voltigeant au milieu des fleurs et des arabesques, se détachent délicieusement sur un fond de glaces. On ignore quel est l'auteur de ces compositions exquises exécutées sous Louis XVI pour Marie-Antoinette. Mais pourquoi Louis-Philippe les a-t-il enlevées du petit Trianon où elles étaient si bien à leur place et complétaient à ravir l'appartement de la reine? Rien à signaler dans le *cabinet de l'Abdication*, sinon le guéridon sur lequel, paraît-il, Napoléon signa cet acte célèbre, le 5 avril 1814; rien non plus dans le *cabinet de travail*. Mais la *chambre à coucher*, décorée sous Louis XV, est remarquable par les délicieux encadrements des portes et par sa cheminée en marbre blanc. Le lit de Napoléon, le berceau du roi de Rome, le meuble à bijoux de Marie-Louise, œuvre de Jacob, la pendule et ses camées antiques, don du pape Pie VII, sont plutôt des souvenirs historiques que des œuvres d'art.

Salle du Conseil. Ce salon est une fête pour les yeux. Boucher et Vanloo n'ont rien fait de plus élégant. C'est le triomphe de l'art du dix-huitième siècle. Ces allégories, ces amours blancs et roses, ces camaïeux rouges et bleus, encadrés dans des arabesques d'une exécution facile et ingénieuse, forment un ensemble harmonieux et doux à l'œil. Tout cela n'est pas d'un goût très pur, « mais la grâce est la plus forte », et si Louis XV n'avait pas laissé d'autres traces dans le palais, il faudrait être indulgent pour lui. L'ameublement de ce salon est en tapisserie de Beauvais, et l'énorme table (2 m. 50 de diamètre) qui en garnit le milieu est faite d'un seul morceau de bois de Sainte-Lucie.

Salle du Trône. Le plafond, une merveille, attire tout d'abord les regards. Dans le premier compartiment, huit amours soutiennent la couronne royale avec les armes de France et de Navarre, et quatre aigles portent chacun une couronne; dans le second, une coupole aux riches ornements est semée de fleurs de lis et des chiffres de Louis XIV. La salle, avec ses mesquines tentures de soie et son trône de style Empire, est un peu écrasée par ce magnifique plafond. Les encadrements des portes et la cheminée, ornée d'un portrait de Louis XIII, d'après Philippe de Champagne, rappellent un peu la décoration qui devait autrefois compléter cette salle. A remarquer le lustre en cristal de roche, qui a coûté, dit-on, cinquante mille francs.

Boudoir de Marie-Antoinette. C'est une petite salle dont Barthélemy a peint le plafond, Beauvais les dessus de porte. La coloration générale est d'un ton rose, plus étrange qu'harmonieux. Le parquet, d'acajou massif, est un remarquable travail de menuiserie. N'oublions pas la cheminée ornée de bronzes de Goutière, et, sur les petites consoles, de jolis vases en ivoire sculpté, don de l'empereur d'Autriche à Napoléon. Il est plus que douteux que Louis XVI ait forgé les belles espagnolettes des croisées.

Chambre à coucher de la reine. Magnifique plafond en menuiserie dans le style de celui de la salle du trône. Incomparables tentures en soie de Lyon, brodées à la main. Si l'on veut juger de ce qu'étaient ces tentures (données par la ville de Lyon à Marie-Antoinette, mais restées en magasin) à l'époque où Napoléon les fit poser, il faut examiner le petit paravent dont les panneaux repliés ont gardé toute leur fraîcheur. Outre l'ameublement Louis XVI de cette pièce, on distingue surtout deux commodes de Riesener avec cuivres de Goutière.

Salon de Clorinde. Décoration Louis XV exécutée sous Louis-Philippe. Ensemble insignifiant.

Nous ne parlerons de la *galerie de Diane* qui renferme la riche bibliothèque du palais, que pour la signaler comme le plus bel exemple qui soit du goût détestable de la Restauration. Les peintures des voûtes et les tableaux suspendus aux murs sont de la dernière pauvreté. Mais sous cette galerie sans caractère, s'étend la curieuse *galerie des Cerfs*, nouvellement restaurée. Aux murs sont peintes à fresque les vues des principaux châteaux de France, parmi lesquels nous signalerons Chambord, Saint-Germain, le Louvre et les Tuileries. Les poutres apparentes du plafond sont ornées de cartouches et d'arabesques aux couleurs variées, ainsi que les embrasures des fenêtres. C'est une très heureuse reconstitution.

Par l'*escalier de la Reine*, garni sous Louis-Philippe de tableaux de chasses, par C. Vanloo, Oudry et Desportes, on remonte dans les *grands appartements* situés autour de la *cour ovale*.

Dans l'*antichambre*, outre un beau plafond en sapin du Nord avec caissons dorés, on remarque d'anciennes tapisseries des Gobelins.

Le *salon des Tapisseries* (autrefois salle des Gardes de la reine) doit son nom actuel à de superbes tapisseries de Flandre, représentant les *Amours de Psyché*. Le meuble, moderne, est de style Louis XIII. Sur une table, genre Boule, se trouve un joli vase en porcelaine cloisonnée de Sèvres.

Le *salon de François Ier* fut autrefois l'antichambre des appartements de la reine. Sous Louis-Philippe, on a refait le plafond à compartiments et restauré la cheminée monumentale dont l'ordonnance capricieuse date évidemment de François Ier. On attribue au Primatice le médaillon central représentant *Mars et Vénus*, et que surmonte un petit bas-relief en stuc imité de l'antique. Mais pourquoi a-t-on eu l'idée bizarre de mêler des ornements en biscuit de Sèvres aux sculptures de ce curieux monument? C'est un anachronisme ridicule. Tout autour de la pièce sont suspendues des tapisseries de Flandre, figurant des *chasses princières*. Le Garde-meuble y a placé en outre deux riches bahuts italiens en ébène, et un meuble somptueux en tapisserie de Beauvais.

Le *salon de Louis XIII* est incontestablement l'un des plus beaux du palais. Louis XIII y vint au monde, et, en mémoire de cet événement, Henri IV le fit décorer par Paul Bril et par Ambroise Dubois. La pièce est entièrement boisée et peinte dans un ton clair et riche à la fois. D'innombrables figures, des médaillons, des fleurs et des fruits mêlés à des rinceaux capricieux encadrent les paysages de Paul Bril. Les onze grandes compositions qui garnissent les murs et le plafond représentent des scènes empruntées par Ambroise Dubois au roman grec *Théagène et Chariclée*. Par malheur la cheminée en marbre n'est pas de l'époque. Admirer, sur une console, le beau coffret d'ivoire où Anne d'Autriche enfermait ses bijoux.

C'est dans le *salon de Louis XIII* que Biron fut arrêté au sortir de la *salle du Conseil*.

Le *salon de Saint-Louis* fut à l'origine orné de peintures et de stucs comme la *galerie de François Ier*. Mais Louis XIV les détruisit, et Louis-Philippe a fait peindre en bleu et or ce salon où l'on voit une cheminée, avec statue équestre de Henri IV qui provient de la célèbre belle cheminée, jadis placée dans la salle de spectacle, et quelques tableaux anciens et modernes représentant des traits de la vie de Henri IV.

Le *salon des Aides de camp* n'est séparé du salon de Saint-Louis que par une vaste arcade sans portes. Le plafond et les lambris en sont décorés d'ornements dorés, calqués, paraît-il, sur d'anciens modèles. Aux murs sont suspendus quelques tableaux, dont l'un provient de l'ancien salon de Clorinde et quatre du salon de Louis XIII, où ils complétaient la série des compositions consacrées à Théogène et à Chariclée. Louis XV les fit enlever de leur place pour élargir les portes trop étroites pour les larges paniers des dames de la cour. La pendule de cette pièce, de style Louis XIV, est une réduction du *Char embourbé* que l'on voit dans les jardins de Versailles.

C'est à Louis-Philippe que l'on doit la *salle des Gardes*. Il n'y d'ancien que le plafond à poutres et solives apparentes, couvertes d'arabesques et de cartels, et la frise, dont les ornements sur fond d'or représentent les attributs des sciences, des arts, de l'industrie et du commerce, entrelacés de guirlandes de laurier et de fruits que supportent des enfants. En outre, la cheminée en marbre, œuvre de Jacquet et de son fils, a été refaite avec les débris de la belle cheminée dont nous avons parlé plus haut. On attribue à Francarville les statues de la *Paix* et de la *Force*, qui accompagnent le *buste de Henri IV*. Panneaux peints, cuirs de Venise, parquet en marqueterie correspondant au dessin du plafond, tout le reste de la décoration est moderne et l'on ne saurait trop louer l'habileté du décorateur, M. Mœnch, qui a couvert la boiserie de figures allégoriques, d'emblèmes, de médaillons, de devises et de chiffres se rapportant à François Ier, à Henri II, à Antoine de Bourbon, à Henri IV et à Louis XIII, dont les portraits en camaïeu sont placés au-dessus de chacune des cinq portes, vraies ou fausses, de la salle.

Au sortir de la salle des Gardes, on traverse une petite pièce dont la coupole peinte est digne d'attention, et l'on pénètre dans l'*escalier du Roi*, pratiqué sous Louis XV, dans l'ancienne chambre de la duchesse d'Étampes. Ce prince iconoclaste a respecté les tableaux et les encadrements en stuc que François Ier avait placés autour de cette salle. Nicolo dell' Abbate a peint, croit-on, ces tableaux sur les dessins du Primatice. Ils représentent des scènes empruntées à l'histoire d'Alexandre. La restauration assez adroite en est due à Abel de Pujol qui a eu le tort de substituer une composition figurant *Alexandre coupant le nœud gordien* à la *Mascarade de Persépolis*, dont la gravure se trouve à la Bibliothèque nationale. Quant aux figures en stuc, Michelet (non sans vraisemblance) les attribue à Jean Goujon : « Pour orner sa chambre, dit l'historien, la duchesse prit un Français, un jeune homme, la main ravissante de ce magicien Jean Goujon, qui donnait aux pierres la grâce ondoyante, le souffle de la France, qui sut faire couler le marbre comme nos eaux indécises, lui donner le balancement des grandes herbes éphémères et des flottantes moissons. « Les cariatides de cette chambre mystérieuse semblent un essai de jeune homme, essai hardi, incorrect et heureux. Où a-t-il pris ces corps charmants si peu pro-

GALERIE FRANÇOIS Ier

portionnés, nymphes étranges, improbables, infiniment longues et flexibles? Sont-ce les peupliers de Fontaine-belle-eau, les joncs de ce ruisseau, ou les vignes de Thomery dans leurs capricieux rameaux, qui ont revêtu la figure humaine? Les rêves de la forêt, les songes d'une nuit d'été, qui ne se laissaient voir que dans le sommeil pour être regrettés au matin, ont été saisis au passage par cette main vive et délicate. Les voilà, ces nymphes charmantes, captives, fixées par l'art; elles ne s'envoleront plus. »

Ces figures exquises, la reine Marie Leczinska les trouva cependant trop nues et les fit couvrir de sottes draperies. Mais ce n'est pas elle qui fit placer dans les voussures du plafond les médaillons des rois de France, accompagnés d'amours dans leurs niches. Louis-Philippe, ou plutôt Abel de Pujol, est responsable de cette pauvre décoration, ainsi que du *Triomphe d'Alexandre* qui forme le motif central de la voûte.

Un étroit couloir conduit à la *salle de bal*, plus connue sous le nom de *galerie Henri II*. Ici l'on doit admirer sans réserve et l'on a sous les yeux la merveille du palais et de la Renaissance française. C'est une salle de trente mètres de long sur dix de large. Sur chaque face, cinq énormes fenêtres, à plein cintre, aux profondes embrasures, prenant jour sur la cour ovale et sur le parterre. Au-dessus de la porte d'entrée, et sur toute la largeur de la salle, des consoles sculptées soutiennent une tribune en menuiserie dont l'appui est sculpté et doré.

En face se dresse la cheminée monumentale. Sur l'entablement l'H de Henri II se détache gigantesque au milieu des croissants et des lauriers, entre des colonnes doriques qui ont remplacé deux satyres de bronze. Ce premier corps est surmonté de colonnes ioniques qui encadrent les armes de France, dans un grand cartouche entouré de festons, de guirlandes de fleurs, et surmonté d'un croissant, emblème équivoque de Henri II !

Le plafond est composé de vingt-sept caissons octogones, aux robustes reliefs, où se détachent sur fond d'or et d'argent l'éternel croissant, le chiffre du roi et sa devise : *Donec totum impleat orbem* : « Jusqu'à ce qu'il remplisse tout l'univers. » Le plancher en bois des îles reproduit les dessins du plafond. Tout autour de la salle court une boiserie en bois de chêne ciré, à filets, chiffres et emblèmes d'or.

Mais ce qui rend cette salle infiniment précieuse, ce sont les magnifiques compositions que Nicolo dell' Abbate exécuta d'après les dessins du Primatice, sur les murailles et dans les embrasures des fenêtres.

Huit grands sujets occupent l'espace compris entre les fenêtres et au-dessus. Ce sont, à partir de l'entrée, du côté du parterre : 1° *Cérès et les Moissonneurs;* 2° *Vulcain forgeant des traits pour l'Amour sur l'ordre de Vénus;* 3° *le Soleil parcourant le Zodiaque;* 4° *Philémon et Baucis récompensés pour avoir donné l'hospitalité à Jupiter, et les Phrygiens punis pour l'avoir refusée,* et, en revenant vers l'entrée du côté de le cour ovale : 1° *les Noces de Thétis et de Pélée;* 2° *l'Assemblée des dieux;* 3° *Apollon et les Muses;* 4° *Une Bacchanale.* Au-dessus de la tribune, une grande fresque représente un *Concert.* — De chaque côté de la cheminée se trouvent deux tableaux, parmi lesquels on remarquera *Hercule combattant le sanglier d'Erymanthe* et un *Gentilhomme combattant un loup-cervier*. Enfin, dans les embrasures des fenêtres sont peintes cinquante figures de héros et de dieux.

Le temps avait terriblement effacé ces fresques, exécutées par l'Abbate à sec, avec de la terre et du blanc, et déjà retouchées sous Henri IV par Toussaint Dubreuil. Louis-Philippe en confia la restauration ou mieux la restitution à M. Alaux, qui, à l'aide des gravures, reconstitua les parties détruites, fit revivre les couleurs en chauffant avec des réchauds les surfaces préalablement enduites de cire, et en somme rendit à l'art ces belles œuvres que l'on aurait pu croire à jamais perdues. Ce qu'il faut chercher dans ces fresques, ce n'est pas la pureté du dessin et la correction de la composition; c'est une vive et gracieuse imagination, une touche pleine de sûreté et de fougue; une extraordinaire entente de l'effet décoratif. A ce point de vue les peintures murales de l'école de Fontainebleau peuvent rivaliser avec ce que l'Italie possède de plus remarquable en ce genre. Elles méritent la singulière influence qu'elles ont exercée sur l'art français du seizième et du dix-septième siècle.

La *chapelle Saint-Saturnin* ou *chapelle haute* est contiguë à la salle de bal. Elle date de François Ier, et vient d'être totalement restaurée. La voûte un peu surbaissée est ornée de caissons à têtes d'anges, toutes différentes les unes des autres. Au-dessus de la tribune on admire, dans deux niches, des anges avec palmes, dont on ignore les auteurs.

Au-dessous de la chapelle haute se trouve la *chapelle basse*, décorée à fresque sous Henri II, Henri IV et Louis XIII. Le temps avait respecté ce petit sanctuaire. Louis-Philippe s'est contenté de réparer les boiseries, d'établir une tribune assez disgracieuse, et d'orner les croisées de vitraux exécutés à Sèvres sur les dessins de sa fille, la princesse Marie.

En revenant sur ses pas, au sortir des chapelles, on traverse l'*appartement de Mme de Maintenon*, situé au premier étage de la porte Dorée. C'est une agréable habitation, quoique un peu sombre, et parmi les cinq pièces qui la composent, toutes meublées avec luxe, on remarque surtout le grand salon, formé pour moitié de la vaste *loge*, vitrée maintenant, qui donne tant de caractère à l'ordonnance de la porte Dorée. La boiserie de ce salon, blanche, avec rinceaux d'or, est du meilleur style Louis XIV. L'ameublement en est riche, et parmi les pièces qui le composent, on remarque un petit écran brodé par les demoiselles de Saint-Cyr.

La *galerie de François Ier* rivalise avec la galerie Henri II. Peut-être même la décoration en est-elle plus savante et plus ingénieuse. Elle est étroite, longue (64 mètres sur 6) et basse, quoique Louis-Philippe ait eu le tort d'exhausser le plafond et d'enlever ainsi toute signification à un certain nombre de figures inclinées dans tous les sens comme pour en soutenir le poids. Le plafond, hâtons-nous de le dire, a été conservé tel quel. Il est divisé en sept compartiments, correspondant aux sept travées de la galerie, et se compose de caissons, peu profonds, de formes variées, en noyer avec moulures dorées. Le lambris est garni, par le bas, de boiseries en noyer dont les panneaux sont ornés de trophées, des armoiries, des salamandres et des chiffres de François Ier, sculptés en plein bois avec une étonnante vigueur.

Mais ce qui distingue surtout cette galerie, ce sont les trumeaux qui la garnissent sur ses deux faces, trumeaux composés de tableaux et d'encadrements en stuc. Laissons Michelet décrire cette ornementation unique : « Rosso ôta la bride à son coursier effréné. N'ayant affaire qu'à un maître qui ne voulait qu'amusement, qui disait toujours : *Osez*, il a pour la petite galerie favorite du roi fondu tous les arts ensemble dans la plus fantastique audace. Rien n'est plus fou, plus amusant. Triboulet a donné ses sages conseils. Le beau, le laid, le monstrueux, s'arrangent pourtant sans disparate. Vous diriez le Gargantua harmonisé dans l'Arioste. Prêtres gras, vestales équivoques, héros grotesques, enfants hardis, toutes les figures sont françaises. Pas un souvenir d'Italie. Ces filles espiègles et jolies, d'autres émues, haletantes, toutes ces figures charmantes, ce sont nos filles de France, comme Rosso les faisait venir, poser, jouer devant lui. Rougissantes, inquiètes, rieuses de se voir au palais des rois, d'autres boudeuses et pleurantes d'être trop admirées sans doute. C'est la nature, et c'est un ravissement. » Peut-être Michelet attribue-t-il trop facilement au Rosso ce qui appartient au Primatice ou à Paul Ponce ; mais comme il a bien rendu cette mêlée de figures de tout âge et de tout sexe, ces combinaisons étranges de fleurs et de fruits, de guirlandes et de cartouches ! La description est lumineuse. Hâtons-nous cependant d'ajouter que les fresques, du moins pour le dessin, sont bien du Rosso, sauf une *Danaé* enclavée par le Primatice au centre même de la galerie. Le style du maître florentin, un peu maniéré, mais élégant, se reconnaît surtout dans les compositions suivantes : Côté de l'étang : *Protection accordée aux lettres par François I*[er]; *Vénus pleurant la mort d'Adonis; Combat des Centaures et des Lapithes*. Côté du jardin de Diane : *l'Education d'Achille; un Naufrage; Énée sauvant Anchise.*

Le *vestibule de la chapelle*, qui suit la galerie de François Ier, est remarquable par les riches sculptures de ses portes en chêne massif. Il conduit, à gauche, dans l'*appartement des Reines-mères* ou du *pape Pie VII*, qui fut successivement habité par les reines Catherine de Médicis, Marie de Médicis, Henriette de France, femme de Charles II d'Angleterre, et Anne d'Autriche. Le pape Pie VII y passa le temps de son séjour à Fontainebleau.

Cet appartement, magnifiquement meublé, est surtout remarquable par son salon et par la pièce qui servit tour à tour de chambre à coucher aux reines qui l'habitèrent et de chapelle à Pie VII.

On arrive dans ces deux pièces en traversant une *antichambre* ornée de tentures en imitation de cuir de Cordoue, et une *salle de billard*, garnie de tapisseries des Gobelins représentant la vie d'Esther.

Le *salon* frappe d'abord par son plafond doré à compartiments, figures allégoriques en relief, chiffres entrelacés de Louis XIII et d'Anne d'Autriche. Mais que dire de la tapisserie qui couvre les lambris? C'est un morceau unique, tissé, croit-on, sur les dessins de Jules Romain ou de Raphaël, à l'ancienne manufacture des Gobelins. Le coloris en est harmonieux et brillant comme au premier jour.

La *chambre à coucher* possède un délicieux plafond, peint sous Louis XIII par Cotelle, de Meaux. De fines arabesques, aux nuances délicates, se marient capricieusement, dans chaque compartiment, aux chiffres d'Anne d'Autriche et de Louis XIII, et se reproduisent au-dessus des portes, autour des portraits de cette reine et de Marie-Thérèse. Les murs sont tendus de tapisseries des Gobelins, d'après N. Coypel.

On passe ensuite dans une série de pièces moins intéressantes ayant vue sur l'étang et comprises sous le nom d'*appartements de Louis XV*, où nous ne voyons à signaler qu'une belle chambre à coucher qui fut, sous Louis-Philippe, celle du duc et de la duchesse d'Orléans, et un salon de réception où sont placés deux tableaux de fleurs semblables, l'un en peinture, l'autre en tapisserie des Gobelins.

L'on sort de ces appartements par la *galerie des Fastes*, où sont placés quelques tableaux d'écoles diverses, entre autres une *Diane nue*, attribuée au Pri-

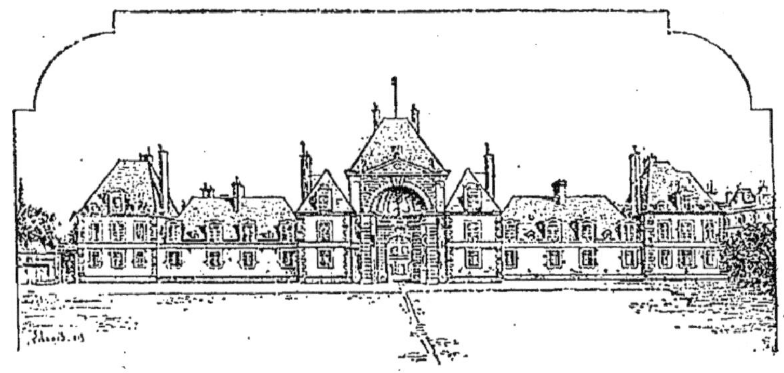

ÉCOLE D'APPLICATION DE FONTAINEBLEAU

matice, et qui serait le portrait de Diane de Poitiers, et l'on arrive enfin dans la *galerie des Assiettes*, où Louis-Philippe a fait placer, dans la boiserie, des assiettes en porcelaine peinte représentant les résidences royales, et au plafond, des peintures d'Ambroise Dubois provenant de la galerie de Diane et qu'Alaux a transportées sur toile avec un bonheur singulier.

La salle de spectacle, que l'on visite en dernier lieu, a été construite en 1855 sur les plans de Lefuel. Elle est entièrement tapissée de satin jaune, et presente aux lumières un charmant coup d'œil. Elle n'a servi que huit fois.

LES JARDINS

Le parc du palais de Fontainebleau se divise en quatre parties, parfaitement distinctes les unes des autres. La moins importante est le *Jardin de Diane*, dessiné à l'anglaise, et qui s'étend au nord du palais, entre la galerie des Cerfs et les appartements de Napoléon Ier. La seule curiosité qu'il renferme est une fontaine ornée de têtes de cerfs et d'une copie en bronze de la *Diane chasseresse* qui est au musée du Louvre.

Vient ensuite le *Jardin anglais*, tracé sous Napoléon Ier sur l'emplacement du *Jardin des Pins*. On y voyait encore, au dix-huitième siècle, la fontaine Beleau, qui a, paraît-il, donné son nom au palais. Parmi beaucoup d'arbres rares il faut signaler d'abmirables cyprès de la Louisiane, qui n'ont leurs pareils que dans le parc de Rambouillet. C'est du *Jardin anglais* que l'on peut aller visiter, à l'extrémité de l'*aile neuve*, ce qui reste de la fameuse *grotte des Pins*. Ce sont quatre figures colossales de Termes, formées de blocs de grès à peine dégrossis et grossièrement joints, encadrant, au fond d'une cour de service, trois arcades maintenant bouchées. L'effet est d'une puissance singulière. Il est fâcheux qu'on ait laissé tomber en ruines ce monument original.

Le *parterre*, séparé du jardin anglais par l'étang, est une belle esplanade aux charmilles rectilignes encadrant quatre massifs de fleurs et un bassin carré. A l'extrémité Sud se trouve une pièce d'eau en forme de fer à cheval, au centre duquel se trouve le bassin du Tibre. Le parterre offre de beaux points de vue, soit que le regard se porte sur la forêt et les rochers d'Avon, soit qu'on embrasse d'un coup d'œil la ligne imposante et pittoresque des bâtiments du palais. C'est de l'extrémité sud du parterre que ce vaste « rendez-vous de châteaux », suivant le mot connu d'un Anglais, présente l'ensemble le moins disparate. Voici d'abord le pavillon de Sully, avec son faîtage aigu ; puis la silhouette dentelée des constructions en brique de la cour des Offices ; la façade grandiose de la galerie Henri II, avec ses robustes arcades coupées par les contreforts en saillie de la chapelle Saint-Saturnin ; la porte Dorée, ses lucarnes, ses cheminées et son toit élancé ; enfin, à demi cachée par les ormes de la chaussée Maintenon, la cour des Fontaines, qui semble borner le palais. L'ensemble est véritablement royal.

Vers l'Est, le parterre se termine par une terrasse dominant un beau canal de 1200 mètres de longueur, sur les côtés duquel courent deux allées d'ormes deux fois centenaires. On descend dans le parc qui entoure ce canal par une double rampe encadrant un château d'eau nommé *les Cascades*, et décoré de statues et de vases. Le parc est vaste; des bosquets ombrageux alternent avec de belles pelouses, et les étrangers ne manquent pas de le traverser pour aller admirer la fameuse *Treille du roi*, qui produit jusqu'à 4000 kilogrammes d'excellent chasselas.

A l'extrémité du parc se trouve le village d'Avon que personne ne songerait à visiter, si son église ne renfermait le tombeau de la victime de Christine de Suède, de ce marquis de Monaldeschi dont nous avons raconté la terrible aventure. C'est une modeste pierre, sans aucun ornement, et sur laquelle on lit cette inscription tragique en sa simplicité : *Cy git Monaldeschi.* Au temps du romantisme, vers 1830, cette humble sépulture a attiré dans l'église d'Avon bien des poètes chevelus, en quête d'inspiration pour leurs drames et leurs romans historiques.

LA FORÊT

Après avoir visité le palais et parcouru rapidement les jardins et le parc, les touristes s'empressent de se diriger vers la fameuse forêt qui rendit jadis si cher à nos rois le séjour de Fontainebleau.

Cette forêt est véritablement digne de sa renommée européenne. C'est un magnifique massif d'une contenance de 16 900 hectares et de 80 kilomètres de pourtour. Elle comprend 2 400 kilomètres de routes et de sentiers. Son sol, tout de sablonnage, est coupé de longues chaînes de rochers occupant un espace qu'on peut évaluer à 4000 hectares. Entre ces chaînes de rochers s'allongent des gorges déchirées et profondes. C'est à ce relief particulier du sol que la forêt de Fontainebleau doit le charme sauvage qui l'a signalée de tout temps aux promeneurs et aux artistes. Elle occupe une place à part parmi nos belles forêts du centre de la France, qui s'étendent le plus souvent sur des terrains infiniment moins tourmentés. Ses plantations se composent surtout de chênes, de hêtres, de charmes, de bouleaux et de pins du Nord. Sous ce rapport, rien ne la distingue des belles forêts de Compiègne ou de Villers-Cotterets.

Il serait fastidieux d'énumérer les nombreux sites vers lesquels se dirigent habituellement les promeneurs. Les plus visités sont les *gorges de Franchard* et d'*Apremont*, la *gorge aux Loups* et la *vallée de la Solle*. Les trois premiers présentent de vastes amas de rochers entassés entre des collines aux flancs abrupts. Dans le hasard de l'éboulement primitif, ces masses de grès d'une teinte grisâtre ont pris des formes tourmentées et fantastiques. L'aspect est grandiose et morne. Entre les blocs énormes ont poussé quelques chênes tordus et des bouleaux au feuillage argenté; mais c'est bien peu pour rompre l'austère monotonie de ces paysages désolés! A peine aperçoit-on un ou deux sentiers tortueux; on s'y engage non sans crainte. L'équilibre de ces entassements gigantesques semble d'abord bien incertain ; quelques blocs même tremblent sur leur base, et le doigt d'un enfant suffit pour les faire vaciller. Parfois, deux ou trois rochers, arcboutés les uns sur les autres, ont formé une sorte de caverne, où deux ou trois personnes pourraient s'abriter. Chaque détour de sentier découvre un relief imprévu, une silhouette nouvelle et presque toujours curieuse. *Franchard* est plus solennel et plus vaste ; *Apremont* plus sauvage et plus hérissé ; la *gorge aux Loups* plus encaissée et plus capricieuse. Ces trois sites sont les plus caractéristiques de la forêt.

La *vallée de la Solle* offre aussi de belles masses rocheuses, mais disséminées et perdues entre des massifs verdoyants de hêtres et de chênes. Ces futaies ne sont pas cependant les plus belles de la forêt. La *Tillaie*, le *Bas-Bréau* et le *Gros-Fouteau* les dépassent de bien loin pour la taille et le nombre des arbres de marque. D'ailleurs, on ne saurait trop le répéter, à ce point de vue Fontainebleau est sensiblement inférieur à Compiègne, ou même à Villers-Cotterets.

Mais, comment se diriger dans ce dédale de routes et de sentiers sinueux ? Partout se trouvent des signes indicateurs qui guident le visiteur vers les points les plus intéressants. Nul danger de s'égarer et d'errer la nuit sous ces voûtes épaisses, où retentissait jadis le cor fantastique du grand-veneur.

Car la forêt de Fontainebleau a ses légendes, dont la plus célèbre est celle « du grand-veneur », qui parcourait jadis les landes et les futaies au bruit des aboiements d'une meute invisible.

« Henri IV, dit l'Estoile (1598), chassant dans la forêt de Fontainebleau, entendit des jappements de chiens, le cri et le cor des chasseurs, et, en un moment, tout ce bruit, qui semblait être éloigné, se présenta à vingt pas de son oreille. Il commanda à M. le comte de Soissons de pousser en avant pour voir ce que c'était, ne présumant pas qu'il pût y avoir des gens assez hardis pour se mêler parmi sa chasse et lui en troubler le passe-temps. Le comte de Soissons s'avançant, entendit le bruit sans voir d'où il venait ; un grand homme noir se présenta dans l'épaisseur des broussailles, et cria d'une voix terrible : « M'entendez-vous ? » et soudain disparut.

« A cette parole, les plus hardis estimèrent prudent de s'arrêter en cette chasse, en laquelle ils ne prirent que de la peur ; et, bien qu'ordinairement elle noue la langue et glace la parole, ils ne laissèrent pas de raconter cette aventure, que plusieurs auraient renvoyée aux fables de Merlin, si la vérité, affirmée par tant de bouches et éclairée par tant d'yeux, n'eût ôté tout sujet d'en douter. Les pasteurs des environs disent que c'est un esprit, qu'ils appellent *le grand-veneur*. Les autres prétendent que c'est la *chasse de Saint-Hubert*, qu'on entend aussi en d'autres lieux. »

Ce n'est pas la seule fois, dit la légende, que le grand-veneur se soit montré à Fontainebleau. Mais voici longtemps que son cor et sa meute n'ont plus réveillé les échos de Franchard et d'Apremont.

Vue de la forêt.

8698-14. CORBEIL. — Imprimerie CRÉTÉ.

www.ingramcontent.com/pod-product-compliance
Ingram Content Group UK Ltd.
Pitfield, Milton Keynes, MK11 3LW, UK
UKHW021103200726
13857UKWH00003B/1068

9 782012 939318